ボーイング
強欲の代償

連続墜落事故の闇を追う

江渕崇

新潮社

はじめに

会社という存在と深く関わりながら、私たちは日々を生きている。勤め先として、商品やサービスの担い手として、あるいは投資先として。俗界を離れて仙人にでもならない限り、会社と無縁では暮らせない。

それほど身近でありながら、いまだに答えの定まらない難題がある。

株式会社とはだれのもので、何のためにあるのか。会社の価値とはいったい何か。

だれもが知るアメリカの巨大航空宇宙企業、ボーイングが招いた悲劇の根源をたどる旅を通して、この本が対峙する問いだ。

ひとつ、シンプルで強力な答えがありうる。会社は株主のもので、株主に利益を生むために存在する。会社の価値は、何よりも株価で決まる――。

超大国アメリカは、そのような「株の国」となって久しい。前のトランプ政権期と重なる2017～2021年、私は朝日新聞のニューヨーク特派員として北米大陸を飛び回り、「株の国」の解剖に挑んだ。

市場《マーケット》への徹底した信頼とこだわり。世界から最高水準の才能を吸い寄せる開放性。絶えざる新陳代謝とイノベーション。それらが生み出す、圧倒的な富。まばゆい「光」は、社会の荒廃という「影」をも際立たせる。異次元ともいえる格差や、深く根を張った人種差別、そして民主主義の機能不全といった病理だ。

目眩《めまい》がするほどのコントラストをどう切り取り、日本の読者に伝えればいいのか試行錯誤していたころ、この本で深く追うボーイング機の連続墜落事故が起きた。

最新鋭の旅客機「737MAX」が2018年と2019年に続けざまに墜《お》ち、合わせて346人が犠牲になった。両機をハイジャックしたのはテロリストではなく、ボーイングをむしばんでいた組織の病だった。

If it's not Boeing, I'm not going.（ボーイングでなければ乗らない）

そう韻を踏んだフレーズがパイロットらに語り継がれ、ボーイングはかつて、技術力と品質の高さ、そして何よりも進取の精神で知られていた。しかし、アメリカが「株の国」としての性格を強めるにつれ、まったく別の原理が組織を動かしはじめる。

凄惨を極めた二つの墜落事故と、今なお深まる経営危機は、企業文化の「コペルニクス的転回」ともいうべき変質がもたらした悲劇だった。それはボーイングだけの現象ではなく、アメリカの資本主義そのものの変容をも、凝縮して映し出していた。

「株の国」へと歩を進めてきた日本

日本では長く、「株の国」とは異なる形の資本主義が実践されてきた。株主や株式の存在をあまり意識せずに済む時代が、戦後しばらく続いた。当の株式会社に勤める人でさえも。

舞台で主役を張るのは、あくまで経営者と社員だった。会社という「共同体」を二人三脚で守り抜く。資本市場ではなくメインバンクが中心となって必要なお金を融通し、そして経営を監視する。株主はといえば、「ケイレツ」の枠内で取引先や銀行と互いに株式を持ち合う安定株主が好まれた。

しかし、そうした企業社会の姿はもう過去のものだ。

宇宙の始まりとされる大爆発になぞらえたのは、今思えば的確な命名だった。

１９９０年代後半からの金融と会計の二つの「ビッグバン」が起点となった。市場や株主による規律を強める方向で、資本市場や企業統治（コーポレートガバナンス）の見直しが少しずつ、しかし着実に進んだ。

会社はモノのように売買される対象としての性格を強める。市場の元締めである東京証券取引所は２０２３年3月末、企業に「資本コストや株価を意識した経営」を明示的に求めるところまで踏み込んだ(1)。日本企業は株主寄りの姿勢を一段と鮮明にする。

「株の国」へと変わりゆく日本を、世界も無視できない。

東証が異例の要請をした10日後、カリスマ投資家のウォーレン・バフェットが電撃的に日本を訪れた。東京本社経済部のデスクとなっていた私は、バフェットに都内でインタビューする機会を得た(2)。彼は日本への投資意欲をみなぎらせていた。

「10年、20年とうまく続いていくビジネスや人を求めています。明らかに私の理解を超えるものでない限り、日本のあらゆる大企業に目を向けるでしょう」

バフェットの来日が呼び水となり、「日本買い」の大波が東京市場に押し寄せる。それから１年も経たない２０２４年2月22日、日経平均株価はついに、バブル期の１９８９年末につけた過去最高値（3万8915円）を34年ぶりに塗り替えた。

翌日付朝刊の編集を終えた深夜、「東証　史上最高値」と横見出しが張られた1面のゲラ刷りを眺めながら、この国の資本主義の歩みを思った。「失われた30年」にもがきながら日本経済が重ねてきた変革の、それは一つの到達点であった。

ボーイングの来し方が映す「株の国」の実相

私たちが「株の国」へと進んでいったその向こうに、何が待ち構えているのだろう。

日本のしばらく先の姿を、リアルな形で見せつけるタイムマシンのような国がある。人工国家、あるいは実験国家として、現代資本主義の先端を走り続けるアメリカである。

「株の国」の純度において、日米の隔たりは厳然として大きい。ただ、少なくともこの半世紀、資本主義を見舞ったいくつもの潮流の変化が、程度の差はあれ同じベクトルで各国に及んできたこともまた事実だ。その多くを先駆けたのはアメリカだった。

346人の命という、あまりに重すぎる代償を伴ったボーイングの蹉跌《さてつ》。それは確かにアメリカ企業の中ですら「極端」なケースだったが、決して「異端」ではなかったはずだ。ボーイング、そしてコーポレート・アメリカ（アメリカ株式会社）の来し方は、「株の国」へと向かってきた私たちが未来を見据える道標となる。

ボーイング危機の淵源《えんげん》に迫ろうと、私は探求の旅を続けた。巨富を生み出すエネルギーと、それゆえの汚濁が沈殿した「株の国」の実相が、しだいにその輪郭を現しはじめた。

ボーイング　強欲の代償

――連続墜落事故の闇を追う

目次

はじめに ―― 1

第一章 慟哭のアディスアベバ ―― 13
妻子を乗せた飛行機が墜ちた。何が家族を奪ったのか、金融のプロは調べ抜いた。見えてきたのは「株の国」アメリカの病理だった。

第二章 魔のショートカット ―― 51
危うい飛行機が世に出た原点は、時間とコストを惜しむ経営判断だった。安全を軽んじる開発現場の生々しい実態も明るみに出る。

第三章 キャッシュマシン化する企業 ―― 71
怒濤の自社株買いは、株主向けの「現金製造機」と化した企業の姿を象徴する。やせ細ったボーイングを、危機が待ち受けていた。

第四章 シアトルの「文化大革命」―― 91
救済合併したはずのライバルに、ボーイングは「母屋」を乗っ取られる。古き良きエンジニアリング企業は、いかに変質したのか。

第五章 軽んじられた故郷、予見された「悪夢」―― 115
創業の地からの本社移転、徹底的なアウトソース。「企業文化の一新」を経て誕生したハイテク機は、いくつもの厄災に見舞われる。

第六章 世紀の経営者か、資本主義の破壊者か ―― 135
コロナ危機のさなか「20世紀最高の経営者」が没した。株価優先の気風はボーイングに伝染し、アメリカの資本主義をも変容させた。

第七章　「とりこ」に堕したワシントン――159
墜落機の危うさを見逃したのは、株主資本主義の下で深まる官民癒着の構造だった。「政治マシン」へと突き進む独占企業の姿を追う。

第八章　フリードマン・ドクトリンの果てに――185
消費者運動の先駆者ネーダーと、株主資本主義の開祖フリードマン。半世紀越しとなる二人の因縁を軸に、「株の国」の宿痾を問う。

第九章　復活した737MAX、封印された責任――221
事故の責任を棚上げした司法の闇とは。経営危機は今なお深まる。創業の精神と働く人々の誇りを取り戻せるかに未来がかかる。

第十章　株主資本主義は死んだのか――249
株主資本主義の盟主バフェットに会い、その理念を質した。「今とは違う経済」を希求する世界の潮流は、地殻変動をもたらすのか。

終章　「空位の時代」をゆく日本の海図――269
「株の国」に向かうことで停滞を脱しようとしてきた日本。ボーイング危機から私たちは何を学ぶのか。海図なき時代の針路を探る。

おわりに――291

謝辞――302

註――305

・本文中は敬称を省略しました。
・米ドルの円表記は、ＩＭＦの年別為替レートを元に年ごとに換算しました。

ボーイング　強欲の代償

——連続墜落事故の闇を追う

第一章

慟哭のアディスアベバ

カナダ在住のポール・ジョロゲは、737MAX墜落事故で妻子を失った（本人提供）

運命の緊急速報

長く厳しいトロントの冬にも、終わりが近づいてきたのだろう。零下10度を下回った前日から一転、初春らしい柔らかな日差しが、カナダ随一の経済都市を照らし始めていた。あと数時間もすれば、道路脇で煤けた色をさらしていた根雪も溶け出してくるはずだ。

2019年3月10日。ほのかな陽光を感じながら、34歳のポール・ジョロゲは寝室でまどろんでいた。いつもの日曜日なら家族で食卓を囲むが、この朝はひとりきりだった。

妻と3人の子どもたちは、迎えに来ていた妻の母とともに前日にトロントを発ち、夫妻のふるさとケニアへと帰省の途に就いていた。そろそろ、飛行機はケニアの首都ナイロビに着くころだ。

こと家族がからむと、ジョロゲは心配性だった。妻や子どもが空路で旅するときは、仕事中であってもフライト追跡サイトに何度もアクセスした。飛行機が今どのあたりを飛んでいるのか。遅れや変更はなさそうか。こまめに確かめずにはおれなかった。

大きく弧を描きながらトロントの空に消えていったエチオピア航空機は、中継地のエチオピア・アディスアベバには到着済みだった。ジョロゲは前夜、追跡サイトでそれを確認していた。

普段ならトランジット中の空港から妻が連絡をくれるはずだが、今回だけは違った。トロントが真夜中なので気を遣ってくれたのか。うまくWi-Fiを捕まえられなかったのだろうか。あるいは子どもの世話に忙しく、連絡をくれる余裕がなかったのかもしれない。

妻からの知らせがないまま、ジョロゲは眠りに就いた。起き抜けにかかってくるだろう電話を楽しみにしながら。旅先ではしゃぐ子どもたちの声が届くはずだ。カナダの都会で育っていた子どもたちの目に、両親の故国がどのように映るのか聞いてみたかった。

朝方、スマートフォンになにか着信した。「着いたよ」という妻のメッセージだろうか。

「エチオピア航空のＥＴ３０２便、アディスアベバの空港を離陸後に墜落」

スクリーンに映っていたのは、銀行の投資マネジャーという職業柄、チェックを欠かさずにいたブルームバーグ通信の緊急速報だった。

Ｅ、Ｔ、３、０、２。ジョロゲは文字の並びに息をのんだ。その便名は、はっきりと覚えていた。エチオピア航空のウェブサイトで自ら便を選び、席を予約したのだから。妻子と義母を乗せ、中継地アディスアベバから最終目的地のナイロビへと向かっていたはずの便だ。予約通りならば、前から28列目の並びの4席に、５人は座っていた。

「短時間での乗り継ぎに失敗し、今もアディスアベバの空港にいるに違いない」

考えつく限りのシナリオを並べたて、家族は難を逃れたはずだと自分に言い聞かせようとした。しかし、ジョロゲの頭脳は、そうした可能性が極めて低いであろうことを理解していた。押し寄せる絶望を、はね返すことができない。強烈な寒気に襲われ、体が氷のように冷え固まってゆく。意識が遠ざかり、ジョロゲはその場に崩れ落ちた。

「宇宙飛行士になりたい」奪われた夢

2歳下の妻カロラインと出会ったのは、東アフリカ最高峰といわれるケニアの有名校、ナイロビ大学で学んでいた時だ。ジョロゲは2年生、彼女は新入生だった。6年間の交際を経て結婚し、3人の子どもに恵まれた。

移住先のカナダで、ジョロゲは順調にキャリアを重ねていた。信託会社向けの資産運用が主な仕事だった。部署の投資方針を定める責任者として、部下のファンドマネジャーたちが提案する投資先が適切かを見極める。やりがいがあり、待遇も良い仕事にジョロゲは誇りを持っていた。

長男のライアンは6歳になっていた。人類は月に行ったことがあり、火星に行きたいという人までいるとジョロゲが教えると、ライアンは「そこに僕も行ってみたい」と言った。「それなら、宇宙飛行士にならないとね」。ライアンは目を輝かせた。「僕が将来なりたいのは、それだよ」

トロントに四季があるのはなぜか。地球はなぜ自転するのか。太陽系の外には何が広がっているのか。そこに神様はいるのか。アニメやゲームよりも、天体と宇宙の成り立ちに関心を抱いた。サッカーにも夢中で、雪がなくなる季節を心待ちにしていた。「夏になったら、父さんが外で思いっきり遊んでくれる」。同級生にそう言って回っていた。

4歳の長女ケリーは、いつもカロラインと一緒にいたがる母親っ子だった。母に似て音楽を好み、気がつけば賛美歌を口ずさんでいた。ライアンほど好奇心旺盛には見えなかったが、ジョロゲが兄に物事を教えているのを、横でじっと聞いて理解しようとしていた。父が銀行勤務だと分かっていて、会う人みなに「お金がいるならパパにお願いしてみたら」と言ってはジョロゲを困らせた。

次女ルビーは、まだ生後9カ月の赤ちゃんだった。ジョロゲが姿を見せると、抱っこをせがんで両腕を上げた。姉の歌声に合わせて体をゆするしぐさが、愛おしくて仕方がなかった。

そして、ともに歳月を重ねていこうと誓い合った聡明な妻、カロライン。ジョロゲはあの朝、生きる意味のすべてを失った。

自らに乗っ取られたET302便

アフリカを代表するハブ空港で、エチオピア航空が本拠を置くアディスアベバ・ボレ国際空港は快晴に恵まれ、翼を休める何十もの旅客機がまばゆい反射光を放っていた。

現地時間2019年3月10日午前8時38分。ほぼ東西に延びる3800メートルの滑走路から、真新しい白い機体が飛び立った。ジョロゲの家族ら乗客149人と乗員8人の計157人を乗せたET302便だ。定員は160人だから、機内は満席に近かった。

向かう先は1100キロあまり離れたケニア・ナイロビのジョモ・ケニアッタ国際空港。ナイロビで国際会議が予定されていたこともあり、20人ほどの国際連合職員や、NGOのスタッフたちも搭乗していた。乗客の国籍は35にのぼった。

機体はボーイングの最新鋭旅客機「737MAX8」。アメリカ西海岸シアトル近郊のレントン工場で前年に組み立てられ、エチオピア航空が運航を始めて4カ月しかたっていない新造機だ。

順調なら、2時間ほどのフライトのはずだった。

離陸してすぐ、ET302便を異変が襲った。

コックピット内で「スティック・シェーカー」と呼ばれる失速警告装置が起動したのだ。文字どおり操縦桿《そうじゅうかん》を震わせて異常を知らせる装置である。けたたましい音を発しては、パイロットたちを焦らせた。速度や高度を示すいくつものデータが、すでに明らかな異常値を示していた。

離着陸時に揚力を増すため主翼の後ろ側に備わった可動翼片「フラップ」が、独特の機械音とともに面積を縮小しはじめる。離陸から2分後の午前8時40分。フラップが主翼内に格納されるやいなや、「何か」が目を覚ました。パイロットの意に反して水平尾翼を回転させ、強制的に機首を引き下げようとしだした。

コックピットに陣取っていたのは総飛行時間8122時間、29歳の機長ヤレド・ゲタチューと、同361時間、25歳の副操縦士アフメドヌール・モハンマド・オマール。

若い2人は機体のコントロールを取り戻そうと必死にあらがった。しかし、手動で機体の姿勢を元に戻そうとしても、正体不明の「何か」は幾度も起動しては、機体を地面へと引きずり下ろそうとする。

ET302便はその時、自らのシステムにハイジャックされていた。

2人のパイロットが格闘している間にも、機体は上へ、下へと激しく揺さぶられながら、地表との距離を縮めていく。やがて1秒間に25メートル（時速90キロメートル）超の勢いで高度を下げていった。重力に任せて垂直に落ちる「フリーフォール」のような落下感に襲われた機内は、乗客の悲鳴で満ちていたに違いない。

Terrain, Terrain, Pull Up, Pull Up（地表が近い、機首を上げろ）

午前8時43分36秒。地表への異常接近を知らせる強化型対地接近警報装置（ＥＧＰＷＳ）の警告音がコックピットに鳴り響いた。すでにスピードが出すぎていたため、機体の表面には強い風圧がかかっていた。強制的な機首下げをもたらしていた水平尾翼の角度を元に戻すため、それを操作するハンドル「トリム・ホイール」を手動で回そうとしても、もう固く動かなくなっていた。

離陸から6分。言うことを聞かない機体と格闘してきたパイロットに、なすすべは残っていなかった。記録が完全に途絶えたのはＥＧＰＷＳの警告の8秒後。ＥＴ３０２便は機体の限界に近い時速９００キロを超す猛スピードで、アディスアベバ南東の農地に頭から突っ込んでいった。アフリカの大地をえぐった長さ約40メートル、幅28メートルのクレーターに、ジョロゲの家族ら乗っていた１５７人全員の命がのみ込まれた。機体の残骸の一部は、深さ10メートルの地中にまでめり込んでいた。[1]

暗転した「晴れの日」

北緯30度にあるテキサス州都オースティンは、３月上旬ともなると、ときに汗ばむほどの陽気に包まれる。厚手のダウンジャケットをまだ手放せなかった勤務地ニューヨークから出張に来ていた私は、上着を脱ぎ、シャツを腕まくりしてダウンタウンを歩いた。数カ月ぶりに肌をじりじりと照らす陽光の感触を楽しんでいた。

オースティンを訪れたのは、サウス・バイ・サウスウエスト（SXSW）の取材のためだった。親しみを込めて「サウスバイ」と呼ばれるこの催しは、もともとローカルな音楽イベントに過ぎなかった。誕生から30年を経て、旬のクリエーターや起業家、ビジネスリーダー、政治家、社会運動家らが集結するアメリカ最大級のイベントへと変身を遂げていた。

テクノロジーとビジネス、そしてカルチャーの最先端に触れつつ、大統領選に名乗りを上げるような大物政治家にも直接話しかけるチャンスがある。アメリカ駐在記者として、超大国の今を肌で感じるのにこれ以上の「お祭り」はなかなかない。ビジョナリーたちの言葉に高揚感を覚えながら、ダウンタウンに散らばった会場をハシゴして回った。

手元のiPhoneが震えたのはシクス・ストリートを小走りに移動していたときだった。いかにも観光客向けのライブハウスが軒を連ねる、オースティンの目抜き通りだ。見慣れない電話番号が、スクリーンに表示されていた。

「今朝、エチオピアで起きた事故のため、週明けのスケジュールは中止になりました」

申し訳なさそうな声の主は、ボーイングの広報担当者だった。その翌々日、私はシアトルへと転戦し、ボーイングの次世代大型旅客機「777X」のお披露目式を取材することになっていた。「トリプルセブン」として知られる777型機に改良を加え、燃費性能と居住性を高めた派生型が「グローバル・デビュー」として初公開されるはずだった。

サッカーのワールドカップで使われるコート（横幅68メートル）に置いても約4メートルはみ出すほど、すらりと広がった主翼を持つ。それにより機体を浮かせる揚力を高め、グライダーのように滑空して燃料の消費を抑える。狭い空港では翼の先端を途中から上に折りたたみ、ほかの飛行機や空港の設備と接触しないようにするのだという。

世界のメディアが実機を取材できる初めての機会だった。２泊３日のスケジュール表には、小型機「７３７」をつくるシアトル郊外のレントン工場の取材ツアーなど、興味深そうな予定が詰まっていた。しかし、事故のせいですべてキャンセルされるという。ボーイングにとって数年に一度の「晴れの日」は、こうして暗転した。

私たち記者がレントン工場を訪れる機会が、わずか17日後にやってくる。皮肉にもそれは、「事故機を製造した工場」の取材として、であった。

命の価値は違うのか

電話口で「エチオピアの事故」について説明を聞きながら、朝にホテルで目にしたニュースを思い出した。エチオピア航空機が墜落したという速報は、確かにスマホで見た記憶がある。ただ、画面にプッシュ通知されたヘッドラインを一瞥しただけで、アフリカ駐在の同僚が担当するニュースだろうと思い込んでいた。

欧米で旅客機が墜落すれば一大事だが、アフリカで同じことが起きてもニュースの扱いは格下げになる。命の価値に軽重があるかのような国際報道の現実に、居心地の悪い思いを抱いてきた。しかし、報道の現場に長く身を置き、日々のニュースを「処理」するうちに、自分もそうした価値観を内面化してしまっていたのかもしれない。ＳＸＳＷに夢中になっていたこともあり、そのニュースを細かく追ってはいなかった。

イベントが中止になるのなら、シアトル行きをキャンセルし、ニューヨークへ帰る便を予約しなければならない。スマホで手続きをしたついでに「エチオピアの事故」についてざっと調べた。

私はうかつさを悔いた。墜落したのは数カ月前に製造されたばかりの最新鋭機「737MAX8」だという。わずか5カ月前にインドネシアで墜落事故を起こした飛行機と、全く同じ機種だった。

エチオピアでの事故がどのように起きたのか、まだ分かってはいなかった。ただ、新型機が立て続けに墜落するなど、単なる偶然とは思えない。ボーイングが華々しいイベントを即日キャンセルしたのは当然の判断だった。

二つの事故は、アジアやアフリカの航空会社の問題というより、機体を製造したボーイング側の問題かもしれない。もしそうならば、アメリカの産業を担当する私の仕事になる。

ニューヨーク支局で留守番をしていたスタッフに、急いで下調べをするようテキストメッセージを送った。SXSWは夜までセッションやパーティーが詰まっていたが、途中で切り上げて資料集めと記事の執筆に取りかかった。

何年にも及ぶボーイング取材の、それが始まりだった。

呪われたJT610便、緊迫の操縦室

エチオピア航空ET302便の惨劇の5カ月前、737MAXがインドネシアで起こした事故

とはどのようなものだったのか。私はインドネシア当局による事故調査報告書のページを繰った。緊迫したコックピット内の様子が克明に記されていた。(2)

２０１８年10月29日午前６時20分。インドネシアの首都ジャカルタ郊外にあるスカルノ・ハッタ国際空港を飛び立った格安航空会社ライオン航空のＪＴ６１０便が、離陸後すぐに操縦不能になった。同国西部バンカ島へと向かっていた飛行機だ。

やはり、飛び立つやいなや速度低下を知らせるスティック・シェーカーが起動していた。離陸2分後には、強化型対地接近警報装置（ＥＧＰＷＳ）が警告を発しはじめた。

Air Speed Low, Air Speed Low（対気速度が低い、対気速度が低い）

緊急事態に立ち向かったのは31歳のインド人機長バブエ・スネジャと、41歳のインドネシア人副操縦士ハルフィノ。ハルフィノは乗員向けのマニュアルを引っ張り出して対気速度についてのチェックリストを調べていた。コックピット内の音声が、回収されたコックピットボイスレコーダー（ＣＶＲ）に残っていた。

トリム・ホイールと呼ばれる、水平尾翼を動かすハンドルが動く音

副操縦士「ええと、どれだろう。（聞き取れず）」

機長「違う、違う、信頼できない対気速度だよ」

副操縦士「すみません」「信頼できない対気速度ですね」

副操縦士「どこだろう」「対気速度のところが見当たらない……」

高度の警告音

副操縦士「対気速度、対気速度……」

紙をめくるような音

副操縦士「対気速度のところがない」

再び高度警告音、トリム・ホイールが動くような音

速度や高度についてのあらゆる警報が、音と振動で異変を主張していた。それらは生身のパイロットをパニックに陥れ、的確な判断を難しいものにした。何が起きていて、どうすれば機体のコントロールを取り戻せるのか。彼らに与えられた時間はあまりにも短すぎた。

「墜落してしまう！」叫んだ副操縦士

機長スネジャが手動での操作を試み、機体の姿勢を元に戻そうとしても、水平尾翼が勝手に動き出しては機首を押さえつけ、眼下の海面へと引きずり下ろそうとする。パイロットとシステムの格闘により、ＪＴ６１０便は急降下と急上昇を20回以上も繰り返した。機内の阿鼻叫喚は想像するに余りある。

スネジャは自らチェックリストを確認しようとしたのか、「しばらく交代するように」とハルフィノに告げ、機体のコントロールをいったん任せた。機首は再び、海面へと押し下げられてゆく。

副操縦士の叫び声「機体が墜落しそうだ！」「墜落してしまう！」

機長「大丈夫だぞ」

速度超過警告音

Terrain, Terrain（地表が近い、地表が近い）

午前６時31分51秒、ＥＧＰＷＳが無情にもそう告げ、さらにたたみかける。

Sink Rate（降下率が大きい）

離陸から11分あまり後の午前６時31分55秒、ボイスレコーダーの記録は途絶えた。

「アッラーフ・アクバル！（アラーは偉大なり）」

機体が海へと吸い込まれる直前、副操縦士ハルフィノは絶叫したという(3)。機長スネジャはもう無言だった。乗客・乗員合わせて１８９人全員の命が、ジャワ海に消えた。

機体の残骸は長さ２００メートル、幅１４０メートルの範囲で海底に散らばっていた。捜索救助隊が回収した犠牲者の遺体はオレンジ色の袋にくるまれ、無数の遺留品とともにジャカルタ郊外の港に引き揚げられた。

ジャカルタの空港に、行き先だったバンカ島の空港に、そしてオレンジ色の袋が並んだ埠頭に、肩を寄せ合い、泣き崩れる遺族の姿があった。事故から10日あまりで回収された「部分遺体」は、DNA鑑定で身元が特定されたものだけに限っても626にのぼった(4)。

浮上した「容疑者」と「共犯者」

事故からほどなくして、JT610便のフライトレコーダーが海中から回収された。インドネシア当局にボーイング関係者も加わって行われた初期的な分析から、思わぬ「容疑者」の存在が浮かび上がる。

操縦特性増強システム(Maneuvering Characteristics Augmentation System)。ボーイング内で「MCAS」(エムキャス)と略して呼ばれていたシステムの挙動が事故につながった疑いが極めて濃かった。加速時などに機首がのけぞったように上を向き過ぎると、機体が揚力をなくして失速してしまう。それを防ぐ装置だ。

自動的に水平尾翼を回転させることによって機首を引き下げ、姿勢を水平方向に正す。1960年代から続く737シリーズのうち、4世代目のMAXで初めて導入された。特定の条件のもとで機首が上がりやすい、MAXの特性に対処するために盛り込まれたシステムだった。これが誤って起動してしまい、JT610便を墜落させた可能性が高かった。

重要な「共犯者」もいた。迎《むか》え角《かく》(AOA、Angle of Attack)センサー。進行方向の空気の流れに向かって、機首がどの程度上下に傾いているのかを測る。可動式の小さな翼が空気の流れを受けて回転する角度を読み取るもので、機首の左右に一つずつついていた。その一方から送られた迎え角データをもとに、MCASが起動する仕組みだった。

迎え角センサーが何らかの不具合を起こし、実際よりも機首が上を向いているという誤ったデータをもとにMCASが起動し、墜落事故につながったのではないか――。かなり早い段階で、ボーイングは事故の筋をつかんでいた。

事故から1週間が過ぎた11月6日。737MAXを運航する航空会社宛てにボーイングが緊急の通知を出した(5)。

迎え角センサーが誤ったデータを読み取った場合、最大10秒間にわたり強制的な機首下げが生じたり、高度などの数字にも異常が出て警報が鳴ったりする。手動で対応しても、5秒後には再び強制的な機首下げが生じうる。このような症状が出た場合は、水平尾翼を自動操作するシステムのスイッチを切るようガイドしていた。

世界のパイロットたちは、ボーイングからMCASの説明など受けたことがなかった。通知の中にMCASという文字は一切なかったものの、これが初めて、ボーイングが航空会社にMCASのリスクを間接的ながらも知らせる文書となった。

操縦士にすら伏せられていた「魔のシステム」

「オー、マイ、ガッ。この飛行機は、なにかがおかしい」

通知を読んだ敏腕ジャーナリストが、たちどころに異変を感じ取った。ドミニク・ゲイツ。ボーイングの主要工場が立ち並ぶシアトルの地元紙、シアトル・タイムズで15年以上もボーイングを取材してきたベテラン航空宇宙記者だ。

猛烈な加速とともに飛び立つ戦闘機ならともかく、737MAXは一般客を乗せる量産型の旅客機である。パイロットの意思と関係なく機首を引き下げ、扱いに特別な注意が要るシステムなど、航空機に詳しいゲイツでも聞いたことがなかった。

737MAXに「型式証明」を与えて商業運航を認めたアメリカ連邦航空局（FAA）や、ボーイング内部のニュースソースに総当たりした。ゲイツは、ボーイング内でMCASと呼ばれるシステムの存在が、パイロットたちにすら伏せられていたことを知る。

「これは大きなニュースになるぞ」

同僚記者たちと本格的な取材にとりかかった。

航空機の設計や製造過程が、安全性や環境についての基準を満たすかどうか。航空当局が細かくチェックし、合格したモデルに対して「お墨付き」を与えて大量生産と商業運航を許すのが型式証明（TC＝Type Certificate）という制度だ。

世界の大型旅客機市場は、ボーイングとエアバスという2強による「複占」となっている。商用機として世界に売り出すには、それぞれのおひざ元であるアメリカのFAAか、欧州航空安全局（EASA）から型式証明を得る必要がある。いずれかに認められれば、日本を含めた他国の当局もその判断を追認し、自国内での運航を許している。実際の運航には1機ごとに「耐空証明」（Airworthiness Certificate）も求められるが、量産モデルとして型式証明を得ていれば、設計や製造にかかわる機体ごとの検査は省略でき、おおむね実機の現状確認だけで済む。

型式証明のための審査は、航空機の開発と並行して進む。とりわけ最有力市場のアメリカで売り出そうとするならば、FAAによる認証手続きをいかにうまく進めるかが新型機開発の命運を握る。三菱航空機による日本の国産旅客機「スペースジェット」（旧MRJ）の計画が行き詰まったのは、FAAの型式証明をタイムリーに受けられる見通しが立たなくなったからだ。

ボーイングは2011年、200席前後以下の「737」シリーズで当時最新型だった「737NG（Next Generation）」の改良版の開発に乗りだし、翌2012年、FAAに型式証明の申請を出した。これがのちに737MAXと名付けられる。うち主力モデルの「737MAX8」（162〜210席）は、2017年3月にFAAから型式証明を与えられた。[6]

ゲイツらシアトル・タイムズの取材班は、737MAXの開発とFAAによる審査が並行したこの間のプロセスで、ボーイングがMCASの危うさを過小評価し、FAAもそれを見逃したまま型式証明を与えてしまっていたことを、少しずつつかんでいく。

「こんなことが起きるのは1回きり」ボーイングの弁明

航空機を墜落に追い込むリスクすら秘めるシステムの存在を伏せていたボーイングに対しては、地元アメリカのパイロットたちも憤りの声を上げた。

インドネシアでの事故から1カ月もたっていない2018年11月、アメリカ航空大手3社の一角であるアメリカン航空のパイロット組合に、ボーイング幹部が説明に向かった。その音声記録が、のちに明るみに出る。パイロットのひとりがボーイング側の対応に不信感を抱いて録音したものだった。[7]

パイロットがボーイングに説明を迫る。

「このクソみたいなシステムが飛行機に載っているなんて、（墜落したライオン航空パイロットの）彼らは知りもしなかった。ほかのだれもが知らなかったんだよ」

ボーイング幹部の答えはこうだった。

「何百万マイルもこの飛行機を飛ばすうち、こんなことが起きるのはこの1回きりでしょう。あとはもう起きない。だから、必要でもない情報を与えて乗員に負荷をかけすぎることのないよう、心がけているのです」

この会合でボーイング幹部は、早ければ6週間以内にソフトウェアの改修をすると伝えたが、「急かすことはしたくない」とも言った。

事故から1カ月後、インドネシア国家運輸安全委員会（NTSC）が暫定版の事故調査報告書をまとめた。これを受けてボーイングは声明を発したが、文面では、暫定報告書の内容のうち、ライオン航空側の落ち度をほのめかす要素ばかりが強調されていた。

737MAXは毎日数百もの目的地に乗客を運んでいるとし、「これまで空を飛んだいかなる飛行機よりも安全だと保証する」とまで断言した(8)。しかし社内ではすでにMCASに安全上の問題があると認識されていたことが、のちにアメリカ当局の調べで判明する。最高経営責任者（CEO）だったデニス・ミュイレンバーグもそのことを認識していながら、起草を指示し、承認を与えた文面だった(9)。

彼はその後、737MAXについて「これまで空を飛んだ飛行機で最も安全」（the safest airplane ever to fly）との言い回しを多用することになる。

世界の目はなぜ曇っていたのか

ライオン航空やインドネシアの当局にとって、不都合な事実も露見していた。

ＪＴ６１０便がジャワ海に墜落した前夜のことだ。同じ機体はバリ島からジャカルタへと国内線のフライトをこなしていたが、離陸直後に機体が急降下する不具合があった。迎え角センサーが検出した誤ったデータによって、あのＭＣＡＳが起動していた。

上へ下へと揺さぶられ、気分を悪くして嘔吐する乗客もいたという。フライトの前、迎え角センサーの不具合に気づいた整備士が、センサーを別の再整備品（中古品）に取り換えていた。

ただ、この便は幸運だった。系列航空会社の非番のパイロットが偶然、コックピットに居合わせていたのだ。速度の異常を告げるスティック・シェーカーが震え、鳴り響く警報と機体のおかしな挙動に焦る機長と副操縦士を横目に、水平尾翼を操作するトリム・ホイールの異常な動きに気づいた。チェックリストから項目を見つけ出し、水平尾翼を自動で操作する機能のスイッチを「カットアウト」の状態にするよう機長らに助言した。機体は最低限のコントロールを取り戻し、かろうじてジャカルタへの飛行を続けた。

しかし、取り換え済みだったにもかかわらず不具合のあった迎え角センサーを、ライオン航空は改めて検査しなかった。機長は、警報が鳴り続けたことなどを整備記録に書き込みはしたが、スティック・シェーカーが起動したことや、スイッチのカットアウト操作によって危機を脱したことなどを、翌朝のフライトを担う乗員らに詳しく伝えることもなかったという。

ＪＴ６１０便の事故は、新造機である７３７ＭＡＸの問題というよりも、ライオン航空やパイロットの対応、航空当局による規制などインドネシア側に落ち度があったのではないか——。そんな見方をにおわせる報道も目立つようになった。

航空安全の世界ではもともと、事故が頻発していたインドネシアの評判は芳しいものではなかった。一国を代表するナショナルフラッグ・キャリアのガルーダ・インドネシア航空をはじめ、インドネシアの全航空会社がアメリカや欧州連合（ＥＵ）域内への乗り入れを事実上、禁じられていた時期もある。こうした事情もＪＴ６１０便事故を見る世界の目を曇らせていた。

それは私も同じだった。学生時代、民族と国家の相克をめぐる問題を集中的に学んだ。インドネシア研究が専門の政治学者ベネディクト・アンダーソンによるナショナリズム論の名著『想像の共同体』に触発され、卒業論文では主にインドネシアを舞台に、ナショナリズムとエスニシティーの関係を論じた。記者になってからもインドネシアには関心を持ち続け、何度か取材に行ったこともある。

航空安全への意識や体制が不十分であろうことは、報道や実体験を通して知っていた。ＪＴ６１０便の事故も「どうせインドネシア側の問題だろう」と思い込んでいた。事故後も、ボーイングの株価は大崩れしなかった。市場は、この事故が深刻な経営問題にまで発展するとは見ていないということだ。それもあって、私はＪＴ６１０便事故の報道を、東南アジア駐在の同僚たちに任せていた。

「15件の事故で2900人が死亡」驚きの試算

「合衆国で最も尊敬される会社の一つである航空機メーカーと、ダメな規制と腐敗に悩まされる国で運航する、驚愕すべき安全の失敗の長い歴史にまみれた格安航空会社。どっちがより信用できると思う?」

JT610便事故の数日後、ジャカルタを訪れていたアメリカの航空当局者は、発言を記事にしない「オフレコ」の条件のもとで、記者にそう言い放ったという(10)。大きな非難を浴びることもなく、ボーイングとFAAは737MAXの運航を世界で続けさせた。

FAA内では事故後、あるシミュレーションが行われていた。JT610便の墜落を踏まえ、一定の条件のもとでこのまま737MAXを飛ばし続けたらどれだけの事故が起こりそうか、という試算である。結果は驚くべきものだった。

何の手も打たずに運航を続けた場合、その時点で受注していた計4800機が運航する間、2、3年ごとに墜落事故が起きる。1機につき30~45年間、運航が続くとすれば、全期間を通じて最大15件の墜落事故が起き、計2900人が死亡するという内容だった。

ほかの航空機でもこうした試算はある。あらゆる乗り物について言えるが、事故の可能性がゼロになることはない。ただ、運航期間中の墜落事故が15件というのは、現代の航空安全の水準に照らして「全く許容できない数字」(FAAの元安全担当官)であった(11)。

このデータがユーザーである航空会社に伝えられることはなかった。明るみに出るのはずっと後、アメリカ議会が事故の調査に乗り出してからだった。

事故を受けてMCASのソフトウェアを改修する計画も、足踏みしていた。MCASよりもパイロットの操作を優先させるといった変更だが、実際にはなかなか着手されない。アメリカ議会での与野党対立が招いた一部政府閉鎖なども影響したとみられる。

あのシミュレーションの仮定通り、ボーイングもFAAも「何の手も打たずに運航を続けた」のだった。世界の空港から737MAXが数分おきに飛び立つごとに、一機、また一機と、乗客の命を賭けたサイコロが振られ続けた。

ひそかに能力を増していた魔のシステム

インドネシアの事故から2カ月が過ぎ、2019年が明けたころ、シアトル・タイムズ記者のドミニク・ゲイツに、ある人物が「奇妙な話がある」と耳打ちした。

「MCASによって水平尾翼は最大2・5度も動くというのに、ボーイングは最大でも0・6度しか回転しないとFAAに報告していたようだ」

一つ誤れば墜落しかねない機首下げをもたらすMCASの能力について、実態より過小な数字を当局に示していた、というわけだ。本当だとすれば、おぼろげに意図はうかがえる。MCASが大きな力を持っていることが伝われば、FAAによる型式証明手続きに悪影響を及ぼしかねないため、それを避けようとしたのではないか、という見立てだ。

「口頭の話だけではとても記事にできない。元の文書を見たい」

取材先を説得して回るのに、さらに2カ月近くを要した。ゲイツは数字の食い違いを裏付ける文書を入手する。FAA内の現役エンジニアや元関係者ら、複数の取材先ともやりとりを重ねた。浮かび上がったのは、737MAXの機体をテストした結果を受け、MCASの能力を当初の想定の4倍に増強していたのに、その変更をFAAに伝えていなかったという疑いだった。MCASが起動する最低速度などの条件も、FAAに明確に知らせないまま緩められていた。MCASがパイロットの意図と関係なく何度でも起動し、機首下げを生じさせることも、FAAに伝えていなかったらしい。

型式証明にあたり、MCASの安全性を審査する具体的な手続きを担ったのはFAAの検査官ではなかったこともわかった。審査を「受ける側」であるはずの、ボーイングのエンジニアが、自らチェックにあたっていた。

これらの問題を記事にするには、当局やボーイングのコメントも必要だ。仮に「いかなる場合も私たちは安全第一です」という通り一遍のものであったとしても、言い分を紹介しなければならない。つかんだ事実関係をまとめ、ゲイツは3月6日、ボーイングとFAAに見解をただした。(12)

その4日後のことだった。今度はエチオピアの空で、迎え角センサーが検知した誤ったデータによって、あの魔のシステムが再び目覚めた。事故現場で回収されたエチオピア航空機の残骸のなかに、水平尾翼を回転させる「ジャックスクリュー」と呼ばれる大型部品があった。急激な機首下げをもたらす状態に、それはセットされていた。

エチオピアでの事故直後、中国などアジア、中東、欧州とほぼ全世界が737MAXの運航を禁じた。最後まで運航を許したのがアメリカのFAA、そして日本の国土交通省だった。しかし、ジャックスクリューの分析も決め手となり、アメリカ大統領ドナルド・トランプとＦＡＡは事故から3日後、やっと運航停止を決めた。国土交通省による運航停止の判断は、さらにその半日後にずれ込む。主要国では最も遅い決定だった。

慟哭と後悔、「妻子はこの土の中にいる」

アフリカの黒い土や油とごちゃ混ぜになった細かい機体の残骸が、墜落の衝撃を物語っていた。妻子4人と義母が乗ったエチオピア航空機が墜落したとの報を受け、ポール・ジョロゲは自宅のあるカナダ・トロントを発ち、エチオピアへと飛んだ。アディスアベバ郊外の農地にぽっかりと空いたクレーターのそばに降り立ったのは事故の4日後。大きな機体の破片や部分遺体は、あらかた回収されてはいた。

それでもまだ、この土の中に妻が、子どもたちが残っているはずだ。それなのに、連れて帰ることはおろか、触れることもできない。なぜ家族だけを帰省させてしまったのか。最期に一緒にいてやれなかったことを、慟哭《どうこく》の中で悔やみ続けた。

ジェットコースターなど比較にならないほど激しく揺さぶられながら、吸い込まれるように地表へと墜ちていく機内にあって、妻と義母は、おそらく自らの運命を悟ったことだろう。それでも、泣き叫ぶ子どもたちを安心させようと固く抱きしめたに違いない。大丈夫だよ、ママがいるよ、と。子どもたちは、父にも助けを求めただろうか。

あの日以来、ジョロゲは死の恐怖におびえる家族の夢にうなされる夜が続いた。時には、自宅で子どもたちと遊び、妻と語らう夢も見る。ただその後、空っぽの部屋でひとり目覚めたときの喪失感はより深い。自宅にはずっと帰らなかった。家族がいない部屋も、玄関先に残された小さな靴も、見たくはなかった。部屋は友人に引き払ってもらった。

ＤＮＡ鑑定された家族の遺体の一部が自分の元に帰ってきたのは、事故から7カ月ほどたってからだった。ジョロゲは、ひつぎを開けて遺体を確認することもなく、故郷ケニアに埋葬した。元気だった家族の姿だけを記憶にとどめたかったからだ。

こんな事故がどうすれば起こりうるのかを、ジョロゲは自問し続けた。

航空機事故の大きな要因になりうる天候に、なに一つ問題はない。安全性に劣る使い古した機体ならいざ知らず、７３７ＭＡＸは初号機が２０１７年に運航を始めたばかり。世界の航空宇宙産業をリードしてきたボーイングが誇る最新鋭機の、それも、組み立てられたばかりの新造機である。

それが全くかけ離れた場所で、ほぼ同じ形で、半年足らずの間に立て続けに墜落する。この外形的な事実が、航空会社やパイロット、それぞれの国の安全管理体制の問題にとどまらず、機体そのものがなんらかの欠陥を抱えている疑いのあることを示唆していた。

ジョロゲが問う、いくつもの「なぜ」

１９０３年のライト兄弟初飛行に始まる世界の航空史において、新型機による連続事故は、まったく初めてというわけではない。

1952年に就航した世界初の実用ジェット旅客機「コメット」（英デ・ハビランド社製）が、翌1953年から1954年にかけて、空中分解などで相次いで3機も墜落したことがある。離着陸のたびに圧力が変化し、機体が膨らんだり縮んだりするのを繰り返すうちに、金属疲労によって機体の一部に亀裂が入ったのが原因とみられている。

この事故を機にコメットは姿を消し、代わりに台頭したのがボーイングの旅客機だった。世界の航空安全についての技術や知識の蓄積、そして安全を担保する当局による規制の枠組みは、コメット事故の当時とは比べものにならないほど進んだ。それを牽引してきたのがアメリカの航空当局FAAであり、ボーイングだった。

737MAXの連続事故が世界に与えた衝撃は計り知れなかった。インドネシアでの事故後の報道は控えめだったアメリカのメディアも、2機目が墜ちた日から大がかりな報道合戦を始めた。私もボーイングやアメリカ政府・議会の動きを追い、識者への取材や資料の掘り起こしを重ね、連日のように記事を東京に送った。

報道の嵐の中にあっても、ジョロゲには、分からないことがたくさんあった。

そもそも、なぜボーイングはそんな危うい飛行機をつくったのか。

世界で最も厳しく、そして進んだ規制を運用していたはずのFAAが、そんな飛行機の運航を許したのはなぜか。

なぜ、インドネシアで最初の事故を起こした後も、737MAXは平然と世界の空を飛び続けたのか。

エチオピアで2度目の事故が起きた後、世界中の航空当局が737MAXを次々に運航停止にする中で、ＦＡＡは最後まで慎重だった。それはなぜか。

2度目の事故後ですら、ボーイングが「737ＭＡＸは絶対に安全」などと言い張っているのは、なぜなのか。

「何が家族を奪ったのか」金融のプロが見せた執念

ひとつ、思い当たるフシがあった。ボーイングの株価への執着である。

外から見て心配になるほどの、株主への惜しみない還元。売り上げや利益といった数字について、3カ月ごとの決算で市場の期待を上回り続けることへの、異様なこだわり。

ファンドマネジャーたちを指揮する投資部門の責任者として、ジョロゲは6、7年ほど、アメリカ株の代表銘柄であるボーイング株の動向を気にかけてきた。株価上昇は少なくとも短期的には、ジョロゲたちにも好都合ではあった。しかし、なりふり構わぬ株価対策は異様に見え、会社の内部にゆがみをもたらしていないか、ずっと気になっていた。

企業の経営分析ならば本職である。事故から1カ月ほどたち、ジョロゲは金融のプロフェッショナルとしての思考力を取り戻しつつあった。家族を失った悲しみを紛らわすように、ボーイングの経営や、737ＭＡＸが就航したいきさつを調べ抜いた。

疑いは、確信へと変わっていく。先進的な飛行機づくりをアイデンティティーとしてきたボーイングという会社は、株主と経営者自らのためにキャッシュを生み出し、株価を上げることを何よりも優先する「金融マシン」へと変質してしまっていたのだ、と。

研究開発に投資して新型機などのイノベーションを生むよりも、アウトソース（外注）やリストラといったコストカットで利益をひねり出す。アメリカ最大規模の防衛関連企業、かつ同国内唯一の大型旅客機メーカーとしての独占的な立場をテコに、献金やロビーイングで首都ワシントンの政界ににらみをきかせ、当局の規制をも骨抜きにして安全対策のコストを回避する。そうして稼いだ現金をすべて株主に吐き出す勢いで配当を増やし、自社の株式を市場から買い戻し、株価を引き上げる。

経営を監視する取締役の大半は、投資会社や政府、米軍の出身者、政治家らだった。航空安全やエンジニアリングとは、ほど遠いキャリアの持ち主で占められていた。株高の「ご褒美」として、経営陣は株価に連動した何百万ドルもの報酬を懐に入れた。株主と経営者が利害を共有する企業統治のあり方は、むしろ世にもてはやされていた。

ライバルの欧州エアバスに対抗するために急ごしらえした737MAXは、安全性の根幹に関わるチェックもおろそかなまま、FAAの審査をパス。ボーイングの商用機受注の8割を占める稼ぎ頭に成長する。「キャッシュ製造機」さながらに世界に売りさばかれ、積み上がる受注の数字がボーイングの株価をさらに押し上げた。

ジョロゲから家族を奪い去った737MAX。それは、株価に支配された経営の申し子だった。

日本とボーイング、さまざまな因縁

乱気流にもまれていくボーイングの経営を、私もつぶさに追った。

ニューヨーク駐在の経済記者として、私は主にアメリカの産業や金融をウォッチしていた。金融市場の動きのほか、ゼネラル・モーターズ（GM）やゼネラル・エレクトリック（GE）、ウォルマート、AT&Tなど主要企業のニュースを追う。経済専門紙ならまだしも、朝日新聞のような一般紙の読者にはいま一つなじみが薄い分野で、大きな記事を載せるのに苦心していた。

ただ、そうした担当先の中でも、ボーイングは特別な意味を持つ企業だった。

まず、アメリカ経済における存在感が違う。1980年代以降、アメリカでは自動車など製造業の多くが競争力を失ってきた。しかし、航空宇宙と、それと表裏をなす防衛・軍需産業はいまだ圧倒的な優位性を保つ。ボーイングはアメリカ最大の輸出企業であり続けてきた。約15万人もの雇用を抱える巨体の浮沈は、アメリカの国内総生産（GDP）にダイレクトに影響を及ぼすだけでなく、国家安全保障にも関わる重大事となる。

「株の国」としてのアメリカを象徴する存在でもあった。金融市場担当として常に値動きを気にかけていたのは、ドル円相場と、株価指数のダウ工業株平均だった。日経平均株価が大企業225社で構成されるのに対し、ダウ平均はボーイングなどわずか30社の巨大企業だけで算出される。とりわけ株価が高かったボーイングは、株価の動きが指数に与える影響が大きい「値がさ株」だった。ボーイング株の動きだけで、ダウ平均の騰落《とうらく》が説明できる日もかなりあった。

もう一つボーイングが特別なのは、日本との関わりの深さと広さである。

最近は欧州エアバスがシェアを広げているものの、日本航空（JAL）や全日本空輸（ANA）が運航するのは大半がボーイング機である。機体の製造にも日本が密接に関わる。中型機「787」は機体の35%、それも主翼や前部胴体などの中核的な部品の製造を三菱重工業や川崎重工業、スバルといった日本企業が担う。

ヘリコプターのような垂直離着陸機能を備えた陸上自衛隊の輸送機V－22「オスプレイ」や、航空自衛隊が導入を始めた空中給油・輸送機KC－46A「ペガサス」など、日本の防衛でもボーイングが開発した機体は重要な役割を与えられている。

広島・長崎に原爆を落とし、東京大空襲にも使われた米軍の爆撃機B－29もボーイング製だった。1985年に御巣鷹《おすたか》の尾根に墜落した日本航空123便はボーイング747、通称ジャンボジェット。事故原因とされた圧力隔壁の修理ミスは、ボーイングの技術陣によるものだった。

ボーイングは、日本にとって様々な意味で因縁の深い企業なのだ。その経営が揺らげば、日本の読者にも他人事ではないはずだ。私は737MAX事故にかかわる大きなイベントには欠かさず駆けつけるようにし、新たな展開を伝える記事をしつこく書き続けた。

「手続きに問題はない」なお続く責任逃れ

中西部イリノイ州シカゴ。ボーイングが本社を置いていた巨大都市は、前夜から降り続いた雨のせいで、街のシンボルである超高層ビル群もミシガン湖も、かすみの先に隠れていた。

エチオピア航空機の事故から1カ月半が過ぎた2019年4月29日の朝。配車アプリで呼んだトヨタ・カムリに乗り、私はダウンタウンを南へと向かっていた。ビル街を抜けたところで、湖岸にそびえ立つ白亜の巨大建造物が視界に入ってきた。

フィールド自然史博物館。アメリカの公共施設によくあるギリシャ建築を模したつくりの建物で、ボーイングが午前9時から開く年次株主総会の会場だった。わざわざシカゴまで来たのは、株主総会が終わった段階で、ボーイングのCEOを務めるデニス・ミュイレンバーグが対面での記者会見に応じることになっていたからだ。

ボーイングは事故後、民間機部門の責任者がMCASをめぐる説明会をシアトルで開いたり、公式コメントやビデオメッセージを発表したりすることはあった。しかし、文字通りの最高責任者であるミュイレンバーグが、事故について対面で記者たちの質問に答えるのは、これが初めての機会だった。

もし日本だったなら。合わせて346人の犠牲者を出した二つの大事故をめぐり、その責任を負っている可能性が高い大企業のトップが2カ月近くも公式に説明をしない、などということが許されるだろうか。まず、ありえない。

この件に限らず、アメリカの企業が何か大きな問題を起こしても、建前だけの声明を出したり、なじみのメディアに「背景ブリーフィング」として情報を流したりするだけで、経営トップが公の場でまともに説明することがほとんどないのが気になっていた。アメリカ企業の広報や報道は、日本で思われているほどオープンでもフェアでもない。

2機目が墜ちた後もボーイングは「737MAXは絶対に安全」というメッセージを発し続けた。水面下では有力議員にロビーイングし、「事故はパイロットの誤りのせいで起きた」と吹込んでいた。しかし、機体そのものに問題があったことを示す事実がいくつも表沙汰になり、次第に追い込まれる。

ミュイレンバーグが「sorry」との言葉を使い、謝罪ともとれるメッセージを発したのは、事故から1カ月近くたってからのことだった。ビデオメッセージで、MCASの誤作動が事故につながったと認め、「私たちボーイングは事故で失われた命について申し訳なく思います」と述べたのだ。それまでは「深い悲しみ」(deepest sympathies)の表明にとどまっていた。

ただ、だからといって全面降伏したわけではなかった。FAAから型式証明を受けた「手続き」に法的問題はなかった、という主張に軸足を移し始めていた。

CEOは16分で会見場から消えた

そうした文脈の中で、CEO会見は開かれようとしていた。私たちが待ち構える部屋に、ミュイレンバーグはやや緊張した面持ちで現れた。まず737MAX事故に触れ、「深くおわびします」(deeply sorry)と切り出した。当日、私が東京に送った原稿だ。[13]

ボーイングCEO、設計の問題認めず　737MAX墜落事故

米航空機大手ボーイングのデニス・ミュイレンバーグ最高経営責任者(CEO)は29日、最新鋭小型機「737MAX」の墜落事故後初めて、対面での記者会見を米シカゴで開いた。二つの事故につながったと疑われている飛行システムについて、「リスクを断ち切る責任は私たちにある」として、近く改修を終える見通しを示した。一方で、元の設計に問題があったとは認めず、辞任も否定した。

会見に先立って開かれた株主総会は、事故犠牲者への黙禱《もくとう》で始まった。ミュイレンバーグ氏は問題のシステムの改修について、テスト飛行を終えるなど作業が進んでいると説明。同氏やニッキー・ヘイリー前米国連大使ら取締役候補者の全員が承認された。

記者会見では事故の責任について質問が集中。ミュイレンバーグ氏は犠牲者に対し「遺憾」と表明しつつ、「複数のできごとが連鎖して事故が起きた」として、飛行システムの誤作動だけに事故原因を求めるべきではないと重ねて強調した。

パイロットが非常時の手順に「完全には従っていなかった」とも述べ、パイロット側の問題も示唆した。3月にエチオピアで起きた事故の初期調査で同国当局は、パイロットは手順に従っていたとしている。

飛行システムなどの設計自体に問題があったのではないかとの質問にミュイレンバーグ氏は、「一貫して安全な航空機を生み出してきた認証手続きを踏んだ」と反論。システム改修は安全性をさらに高める不断の取り組みの一環だとし、「改修が済めば最も安全な飛行機になる」と述べた。

辞任するか問われると「安全性を高めることに集中する」と否定した。会見は開始16分で打ち切られ、報道陣から「346人が亡くなったんだ。もっと質問に答えて」と声が上がった。

（シカゴ＝江渕崇）

事故が起きたのは不幸な「出来事の連なり」（chain of events）の結果であり、特定の要因のみをやり玉に挙げるべきではない。そんな趣旨の発言を重ねるミュイレンバーグ。ボーイングの責任はそうした「連なり」を切り離し、リスクを根絶することにあると語った。

ボーイングは、連続事故につながったMCASのソフトウェアの改修を進めていた。しかし、それは元のシステムが危うかったことを意味するのではなく、もともと十分に安全だったものを、「さらに安全に」(even safer) するためだと主張した。

737MAXの事故が、いくつもの不運が重なった結果であるのは紛れもない事実だ。他のあらゆる事故が、そうであるように。迎え角センサーが不具合を起こしたのも、整備不良があったか、あるいは鳥がぶつかるバードストライクによって部品が破損した結果かもしれない。

しかし、事故の「主因」は、たった一つの小さなセンサーの不具合が機体の墜落につながるような、システムの基本設計そのもののまずさではなかったのか。設計に何の問題もなかったと言うミュイレンバーグに、記者たちは不信のまなざしを向けていた。

この時点でミュイレンバーグは、FAAによる認証プロセスに複数の不備があったとの報告をすでに部下から受けていたことが、のちの当局の調べで明らかになる。(14) にもかかわらず、彼は言い切った。

「私たちの基準に適合して設計され、基準に則って認証もされていると確認済みだ。私たちは、そのプロセスに自信を持っている」

矛先は「外国人のパイロット」に向かった

ミュイレンバーグの弁明は、パイロットの操縦にも及んだ。事故機のような状態に至った場合、乗務員向けのチェックリストには、水平尾翼の操作を自動化する機能のスイッチを「カットアウト」の状態にする、などの対応が盛り込んであったなどとし、こう口にした。

「これらの手順が、完全には踏まれていないこともあった」

エチオピア航空機の場合、ほとんど最大出力に近いスピードが出ていた事実などから、パイロットの対応が「完全に」正しかったのかという疑問はあり得る。しかし、当時明らかになっていたエチオピア当局による初期調査は、事故機のパイロットは「カットアウト」操作を含め、ボーイングが定めた手順を踏んでいたとしていた。それなのに、機体のコントロールを取り戻すことができなかったのだという。

エチオピア当局の調査にも自国寄りの一定のバイアスはあろう。緊迫した局面にあって、パイロットに何らかの落ち度があった可能性もある。ただ、そうした事態を想定した訓練をしていれば、最悪の事態は避けられたかもしれない。後で詳しく追うが、MCASをめぐる訓練を義務づけられることがないよう画策を重ねたのは、ほかでもないボーイングだった。

この日を一つの起点として、共和党の政治家やFAA幹部、一部メディアが、「外国人のパイロット」(foreign pilot)の力量不足が事故を招いたのではないか、と陰に陽にほのめかし続けることになる。

再び日本の話をすれば、これほどの大事故を起こした企業の初めてのトップ会見ならば、1時間や2時間を超えることも珍しくない。会見者をつるし上げるためではない。その時点で分かっている事実を、できる限りつまびらかにするためだ。記事に会見時間を「16分」と記したのは、最低限の説明すら避ける不誠実さを何とか伝えたいと考えたからだ。

ボーイングの広報担当者は会見終了を宣言した。「質問に答えてくれないか」との声が上がる部屋から、ミュイレンバーグは口を固く結んで消えていった。私はこっそり後を追った。会見場から少し離れた廊下で、彼はスポットライトを浴びていた。テレビで顔をよく見るキャスターから単独インタビューを受けていた。

会場の建物の外では、10人ほどの遺族や犠牲者の友人が遺影を抱え、カッパ姿で立ち尽くしていた。

「自分たちは大して悪くない、という立場を今もボーイングは貫いている。お願いだから、過ちを否定するのをやめてくれないか。そして真実を語ってくれ。彼らが示すべきなのは、事故に至るボーイング内部の出来事の連なり（chain of events）のはずだ」

エチオピア航空機の事故で姪を亡くしたタレック・ミレロンの言葉だ。ミュイレンバーグが自社の責任を軽くするために口にした「出来事の連なり」（chain of events）という表現は、ボーイングが犯した過ちの検証にこそ使われるべきだ、と。ミュイレンバーグが「sorry」と謝罪したことをどう思うか尋ねると、吐き捨てるように彼は言った。

「346人もの死の原因をつくり出した張本人が、『sorry』で許されるわけがないだろう」

掲げられたプラカードには「ボーイングのおごりが殺した」「ボーイングと幹部を殺人罪で訴追せよ」といった言葉が並んでいた。

彼らは博物館を見据え、無言のまま冷たい雨に打たれていた。

涙の会見「ボーイングは誤り認めよ」

この日はもう一つ、シカゴで大事な取材スケジュールが控えていた。遺族がボーイングに訴訟を起こし、記者会見を開くというのだ。株主総会の取材を終えると、私は会見会場となるダウンタウンの法律事務所に向かった。先に紹介した原稿には、紙幅の都合で新聞には載っていない続きがあった。

一方、エチオピア事故で犠牲になった複数のカナダ人家族の遺族らはこの日、ボーイングを相手取った訴訟を米裁判所に起こした。

妻（33）と長男（6）、長女（4）、次女（9カ月）を一度に失ったポール・ジョロゲさん（35）はシカゴ市内で会見。「愛する家族が最期にどれだけ怖かったかを思い、毎晩泣き明かしている。飛行システムが引き金を引いたのは事故調査から明らか。もし本当に私たちに同情しているなら、ボーイングは誤りを認めるべきだ」と訴えた。

ボーイングに対しては、米国内の遺族や、株価下落で損失を被った一部株主も訴訟を起こしている。米運輸省や司法省は、737MAXが運航するに至った経緯に違法性がなかったか調べている。

ジョロゲのことを初めて知ったのが、この記者会見だった。ミュイレンバーグがパイロットに責任をなすりつけるような発言をしていたことや、「認証の手続きは適正だった」と主張したことに、ジョロゲは目を赤くして憤っていた。

一家を襲った悲劇を司会の弁護士が紹介する間、スライドに次々と映される家族写真に私は目を奪われた。

うち1枚は、おそらく、トロントから車で2時間ほどの距離にあるナイアガラの滝を背景に撮影されたものだろう。母に抱かれ、右腕を父の首に回して、少しはにかんだような表情を見せてカメラに視線を向ける長男ライアン。父の右腕に抱かれた長女ケリーの笑顔には屈託がない。白い歯を見せて妻子と写真に収まっているジョロゲは凜々しく、幸福感に満ちている。目の前にいる憔悴しきった男と同一人物だとは、とても思えなかった。

最期の6分間、家族がどんな思いでいなければならなかったのか、想像しない日はない――。涙声になったところで、ジョロゲの口から言葉が途絶えた。会見場を、しばし沈黙が覆う。一緒に会見していたほかの遺族がジョロゲのところに来て、肩に手を添えた。

会見が終わり、ジョロゲに話しかけようとしたが、いったいどんな言葉をかけてよいのか分からなかった。一度話を聞かせてほしいとだけお願いして、私は会見場を離れた。

巨大企業ボーイングが抱える病巣と、それを肥大化させたアメリカ経済そのものの病理。愛する家族を奪い去ったものの追及に、ジョロゲは生きる意味を見いだそうとしていた。

第二章

魔のショートカット

From: Boeing Employee
To: Boeing Employees
CC:
Sent: 3/28/2017 9:00:58 AM
Subject: RE: Flight Transition costs

I want to stress the importance of holding firm that there will not be any type of simulator training required to transition from NG to MAX. Boeing will not allow that to happen. We'll go face to face with any regulator who tries to make that a requirement. If a particular customer wants to add additional training due to concerns with their particular experience level of their pilot group, then that is an internal issue to that airline. But in actuality that additional training should be limited to perhaps requiring the first officers first flight on the MAX to be with a captain who's already flown it once, or maybe like what [redacted] is doing. [redacted] is requiring their new hire first officers to get 100 hours on the NG after they're type rated before they have them take the MAX differences CBT and start flying the MAX with the NG. Those are both reasonable options that are based on an airline's internal issues, NOT that the MAX is so different from the NG. To be offering this airplane with any other training requirement other than the approved CBT is doing a disservice to the MAX.

[redacted]
737 Chief Technical Pilot
[redacted]
BOEING

From: Boeing Employee
Sent: Friday, March 24, 2017 2:41 PM
To: Boeing Employees
Cc:
Subject: RE: Flight Transition costs

ボーイング社員が同僚に送ったメールには、パイロットの訓練回避にこだわる決意が記録されていた

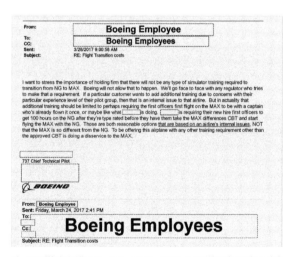

プレスリリースに潜んでいた「惨劇の芽」

5カ月の間に2度も墜落事故を起こした737MAX。アメリカ連邦航空局（FAA）が「2、3年ごとに墜落し、最大15件の事故で2900人が死亡する恐れがある」と試算するほど危うい飛行機は、どうやって堂々と世に送り出されたのか。「出来事の連なり」（chain of events）の原点を、私はまず確かめることにした。

二つの事故から遡《さかのぼ》ること8年ほど前の2011年。時間と投資を惜しんだ当時のボーイング経営陣の決断に、惨劇の芽は潜んでいた。

航空業界はそのころ、リーマン・ショックに端を発した経済危機からの回復途上にあった。高騰する燃料費をどう抑えるかが最大の経営課題となっていた。環境意識の高まりから、とりわけ欧州では化石燃料を大量に消費する航空産業への風当たりも強まった。少しでもコストを浮かそうと、そして環境団体などからの批判をかわすべく、飛行機の燃費性能にこだわろうとしていた。

アメリカン航空の親会社による7月20日付の「運命のプレスリリース」がウェブ上に残っている。(1)

ボーイングとエアバスに、史上最大規模の航空機発注

テキサス州フォートワース　アメリカン航空とアメリカンイーグルの親会社ＡＭＲは本日、エアバス社とボーイング社との間で画期的な合意を結んだことを発表した。この合意により、アメリカンのナローボディー機は今後５年間で取り換え・更新され、今後10年間の機材計画も固めることになる。これらの新型機は、アメリカンが運航費や燃料費を減らし、顧客に最新のアメニティーを提供しながら、当社の財務上の柔軟性を最大限に高めるものでもある。

この合意のもと、アメリカンは２０１３年から２０２２年にかけて、単通路のナローボディー機を計４６０機、ボーイング７３７とエアバスＡ３２０のファミリーから調達することを予定している。これは、航空産業の歴史上で最大の発注となる。合意の一環として、アメリカンは２０１７年、燃費性能をさらに高めた「次世代型」のナローボディー機を導入する合衆国で初めてのエアラインとなる。

旅客機には、機内に通路が1本しかないナローボディー（狭胴）機と、通路が2本あるワイドボディー（広胴）機の2種類がある。大きく分けてナローボディー機が小型機、ワイドボディー機が中・大型機という位置づけだ。

ボーイングの場合、サイズが小さい順に「737」（2クラス構成で約130〜200席）がナローボディー機で、中型機の「767」（約180〜350席）と「787」（約250〜340席）、大型機の「777」（約320〜390席）、そして「ジャンボジェット」こと超大型機

の「747」（約410〜520席）の各ファミリーが、いずれもワイドボディー機となる。

格安航空会社（LCC）の台頭や環境意識の高まり、原油高騰による航空会社の経営難といった事情から、航空機産業の主戦場は、小回りがきいて燃費性能に優れるナローボディー機となっていた。価格は安くて利幅は限られるが、売れる量は桁違いに多い。小型機の品ぞろえをどう充実させるかに、航空機メーカーと関連産業の命運がかかっていた。

この日のニュースは何か。それは、アメリカンがボーイングの737シリーズだけでなく、欧州エアバスのライバル機「A320」シリーズも同時に買うと表明したことだ。アメリカン航空はそれまで、もっぱらボーイング機だけを購入するボーイングの上客だった。アメリカ最大手の航空会社の一角がエアバスに切り崩された瞬間だった。

それでも、ボーイング側は安堵していた。A320だけではなく737シリーズも、引き続き買ってもらえることになったからだ。のちの737MAX事故につながる火種が、そこには潜んでいた。

「エアバスに追いつけ」そして生まれたMAX

エアバスが2010年に発表したA320の改良版、「A320neo（new engine option）」は、米ゼネラル・エレクトリック（GE）と仏サフランによる合弁企業CFMインターナショナルが開発した大型で最新の「LEAPエンジン」を積んでいた。前世代機より燃料の消費を2割も減らせる燃費性能の高さから、LCCなどがこぞって注文した。

ボーイングは当初、アメリカ本土におけるA320neoの脅威を見くびっていた。しかし、エアバスはアメリカの航空会社に対して果敢に働きかけていた。アメリカン航空はテキサス州北部にある巨大空港、ダラス・フォートワース国際空港を本拠とし、その近くに本社も置く。エアバスのセールスチームはダラスのダウンタウンにあるリッツ・カールトンホテルに「ミニオフィス」を陣取り、アメリカン幹部らへの売り込みを進めていた。

エアバスの販売部門を率いていた最高執行責任者（COO）のジョン・リーヒは、業界で名を知られた腕利きのセールスマンだった。アメリカンCEOだったジェラルド・アーピーを食事に誘い出すなどして食い込んだ。それに対し、ボーイングは自国の得意客が奪われることはないと安心しきっていたのか、営業の熱心さでは後れを取った。

リーヒの売り込みも功を奏し、アメリカンは、次世代の主力小型機をボーイングの737シリーズからは調達せず、エアバスのA320neoだけを大量購入する方向に傾いていた。アメリカンCEOのアーピーは、ボーイングCEOだったジェームズ・マックナーニに電話し、そのことを伝えた。

ボーイング社内に動揺が走った。ベトナム戦争があった1960年代に初代が飛んだ世界的ベストセラー、737シリーズは改良を重ね、そのとき3世代目の737NG（Next Generation）に進化していた。ただ、燃費性能などでは後発のA320neoに大きく水をあけられていた。

ボーイング社内では、まったく新型の小型機を白紙から開発するプロジェクトが検討されていた。たとえば、通路は二つあって客を多く乗せられる「ワイドボディー」だが、大きさはコンパクトに抑えて効率性を高めた機体、といったアイデアがあった。

しかし、新たなコンセプトの機体をゼロから開発していては、10年近い時間とおそらく100億ドル（約0・9兆円）超もの費用がかかる。なによりアメリカン航空からの何百機もの小型機の受注を、エアバスに丸ごと奪われかねない。

ボーイング経営陣は考えを改めた。手元にある737NGをベースに、A320neoと同じCFM製の大型エンジンを据え付ければ、手っ取り早くエアバスに対抗できる。それがマックナーニらの選択だった。

ちょうどそのころ、ボーイングは炭素複合材などの新技術を積極採用した中型機「787」の開発が難航し、初号機を受け取る全日本空輸（ANA）への納入が遅れに遅れていた。787向けのサプライチェーンの立て直しと、膨れあがるコストへの対応に追われ、別の新型機を白紙から開発する余力を欠いていたという事情もある。

737シリーズの4世代目、のちに「737MAX」と名付けられるモデルは、こうして誕生が決まった。アメリカンからの受注を、エアバスと分け合いつつも、何とかつなぎとめることができた。

エアバスが仕組んだ「罠」

アメリカンがテキサス州フォートワースで開いたボーイングとエアバスへの「大量発注」の発表会に、ある男の姿があった。エアバスCOOのジョン・リーヒだ。

航空コンサルティング会社を率いるスコット・ハミルトンが2021年に出版した「Air

Wars: The Global Combat Between Airbus and Boeing」（空の戦争　エアバスとボーイングのグローバルな戦い）は、欧州各国の寄せ集め組織のエアバスがボーイングを脅かす存在にまで成長した30年ほどの両社のせめぎ合いを、リーヒの視点から描いたものだ[2]。

ボーイングが白紙から新型機をつくる計画を捨て去り、エンジン積み替えで対応しようとしたのは、そもそもリーヒが仕向けた罠《わな》だったのだというのがハミルトンの見立てだ。

もしボーイングが、案として浮上していた１８０～２５０席程度の「ワイドボディー」なのに小型機並みの効率性を持つ新型機」を生み出していたら、エアバスもまったく新しい小型機で対抗しなければならなかった。そうなれば、Ａ３２０を「ｎｅｏ」に進化させるために注いだ何十億ドルもの開発費と時間が無駄になってしまう。

ボーイングの対抗策が７３７シリーズの単なるエンジン積み替えならば、元になった機体の設計が新しいＡ３２０ｎｅｏに勝算があると、エアバス側は踏んでいた。どこか重要な顧客をエアバスに奪われそうだとボーイングが知れば、慌てふためくに違いない。おそらく、全くの新型機はあきらめ、エンジンの積み替えで対抗してくるだろう。リーヒたちはそう考え、ターゲットを絞りこんだ。

アメリカではアメリカン航空のほか、デルタ航空やユナイテッド航空（かつてはボーイングと同一グループだった）といった大手レガシーキャリア、さらに新興のサウスウエスト航空やジェットブルー航空といったエアラインが群雄割拠している。

サウスウエストは真っ先に除外された。保有する数百機を全て７３７シリーズにそろえて運航や整備を効率化しており、エアバスへの切り替えは望めなかった。サウスウエストはその後、７

37MAXを開発前段階で大量発注して商品化を後押しする「ローンチカスタマー」となる。デルタとユナイテッドも、望み薄とされた。デルタは新しいエンジンを積んだ航空機の最初の顧客になるのをいやがっており、ユナイテッドは当時の経営陣の多くがボーイングびいきの旧コンチネンタル航空出身者で占められていたからだ。

狙われたアメリカン

残るアメリカンは追い詰められていた。米同時多発テロやリーマン・ショック後の航空不況のさなかでも、大手のレガシーキャリアでは唯一、連邦破産法の適用を免れていた。しかし、それがゆえに高い賃金水準と膨らんだ負債をキャンセルする機会を逸し、高コスト体質に悩まされていた。燃料をガブ飲みする古い機体の更新も進んでおらず、筋肉質な経営への転換が急務となっていた。新型機をまとめて売り込むにはうってつけだ。

リーヒたちの照準は、アメリカンに合わせられた。2001年に起きたアメリカンのエアバス機墜落事故の原因などをめぐり、アメリカンとエアバスには互いに感情的なしこりが残っていた。しかし、エアバス側は関係修復をはかる。リーヒの思惑通り、アメリカンがエアバス機の導入に動いたことに狼狽《ろうばい》したボーイング。CEOのマックナーニら経営陣は「737シリーズの改良でしのぐ」という、エアバスが差し向けた道を自ら選んだ。

ボーイング、エアバス両社からの小型機大量購入を発表した2011年7月のアメリカンのプレスリリースは、のちに737MAXとなる機材をこんな文言で紹介していた。

アメリカンは、ボーイングで開発が見込まれている、現行モデルよりもさらに顕著に燃費性能に優れたエンジンを搭載した737NGの進化型を、100機発注することも計画している。アメリカンは、ボーイングの新たな737ファミリーにコミットする最初のエアラインになることをうれしく思う。（中略）この飛行機はCFMインターナショナルのLEAPエンジンによって飛ぶことになるであろう。

この時点ですでに、737MAXの基本コンセプトは固まっていたわけだ。アメリカンからの受注を逃すまいと焦るあまり、ボーイングが踏み切った「ショートカット」が取り返しのつかない禍根を残す。

ショートカットの「落とし穴」

先行するエアバスA320neoに対抗するため、急ごしらえを余儀なくされた737MAXは、構造上の問題を抱えていた。

737シリーズは1960年代後半に初代が飛んだ。当時のジェットエンジンは口径が小さくて細長いサインペンのような形をしていた。空港では飛行機から直接タラップで降りるのが主流で、地上から荷物の積み下ろしもしやすいよう、旅客機は「短足」がよかった。

しかし、いまでは燃費を良くするために口径を大きくした樽《たる》のようなエンジンが主流になった。

第3世代の737NGを正面から見ると、エンジンがきれいな円形をしていない。下の方が平らにつぶれた「おにぎり」状の形にすることで、大型化したエンジンを翼と地面の間に押し込んでいるのだ。さらに口径が大きいCFM製LEAPエンジンを載せるには、地上から翼までの高さが足りなかった。

他方、A320の初代の登場は1980年代で、設計が新しい分、翼の高さには余裕があった。エアバスが737シリーズより優位に立てると自信を持っていた理由の一つでもある。

従来の737NGに、そのまま新しい大型エンジンを据え付ければ、着陸時などにエンジンが地面と接触したり、滑走路上の異物を吸引したりしてしまいかねない。かといって、翼の位置を高くするために、車輪部分を含むランディングギア（着陸装置）などの設計を変更するとなれば、機体のかなりの部分を見直さなければならず、時間も費用もかかってしまう。

ボーイングは「解決策」を見いだした。エンジンを主翼に据え付ける位置を、機体のより前方、そしてより上方へわずかにずらし、エンジンと地面との隙間を確保する、というものだ。

ただ、そのせいで新たな問題が浮上した。機体の空力特性が変わってしまうのだ。エンジンの移動によって機体の重心がずれ、飛行時の空気の流れも変わることで、加速時には機首がのけぞったように上を向いてしまう恐れが出てきた。翼の上下をうまく空気が流れなくなり、揚力が弱まって機体が失速しかねない。

それならば、と採り入れたのが、機首が上を向きすぎた場合に、ソフトウェアによって水平尾翼の向きをコントロールし、機首を強制的に引き下げるシステムだった。のちに2度の墜落事故を引き起こす「MCAS」である。機体そのものが抱える不安定さを、システムの力で事後的に補正する仕組みといえる。

二つの事故が起きた今、問われているのはその設計思想だ。かつてボーイングで飛行システムの開発に関わっていたという元社員は、苦々しげに語り始めた。

「本来ならば、機体の不安定さという問題の根源をどうにかするべきだった。ただ、それをやろうとすれば、全く新しい機体を開発しなければならなくなる。問題の根源を残したまま、現象面にだけ着目し、安上がりで生煮えの技術で対処しようとしたことに、致命的な落とし穴があった。航空機にイノベーションは必要だ。しかし、検証が十分でない生煮えの技術で構造的な不都合をごまかすことを、イノベーションとは呼べない」

主翼の先端部を上下に枝分かれさせた新型の「ウィングレット」で空気の流れを整えることによっても燃費の改善をはかった。前世代機のNGに比べ燃費性能は20％も向上したという。

ボーイングは「1座席あたりの運航コストは競合機種より8％低い」と航空会社にアピールした。航続距離も延び、最も座席数が少ない派生モデル「737MAX7」では7130キロも飛べる。小型機にもかかわらず、大西洋を横断できる能力を備えていた。

「史上最速」の売れ行き、その裏で

ボーイングの巻き返しは、営業上はめざましい成果を上げた。最初の大きな得点は、アメリカン航空に737シリーズを買いつづけてもらえたことだ。それどころか、737MAXは2012年末までに世界の航空会社から1000機も受注。ボーイング史上「最速」の売れ行きを誇る主力機となる。旧型機の改良にとどめて開発費を抑えたことによる手ごろな機体価格と、燃費性能の高さ。そうした直接的なコスト競争力だけが理由ではない。

まったくの新型機の場合、航空会社はパイロットにシミュレーターなどで訓練を受けさせなければならない。訓練費用が直接の負担になるだけでなく、訓練中のパイロットが乗務できない間、別のパイロットで穴埋めするコストもかさむ。もし連邦航空局（FAA）から訓練を義務づけられればセールス上の障害になりうる。

すでに世界中の航空会社が運航してきたベストセラー、737シリーズの改良版なら「追加訓練はほとんどせずに済みます」。航空会社向けの737MAXのパンフレットには、そんな売り文句が記されていた。

MCASを737MAXに盛り込んだのも、いざというときの「失速防止」という趣旨はもとより、機体の挙動をソフトウェアで調整することにより、737NGと操縦感覚が大きく違わないようにする意味合いも大きかった。前世代機とほとんど同じ感覚で操縦できるのだから、追加の訓練も必要ない、というわけだ。

737シリーズだけを運航してきた大得意先のサウスウエスト航空に対してボーイングは、仮に737MAXで追加訓練が必要になった場合、1機につき100万ドル（約1・2億円）を補償する約束を結んでいた。(3) サウスウエストは補償の対象となる737MAXを280機発注していた。もし、FAAに訓練を義務づけられれば、対サウスウエストだけで2・8億ドル（約340億円）の追加の出費が生じてしまう。

追加訓練を避けるようボーイングに求めるサウスウエストの姿勢は徹底していた。737MA

Xの連続事故後、サウスウエストの乗客らが、リスクを隠して高い運賃を乗客に支払わせたとして同社を相手に訴訟を起こした。いくら訴訟大国のアメリカでも無理筋な訴えに思えるが、この裁判の中で衝撃的な疑いが明るみに出る。

法廷に提出された両社の内部文書をシアトル・タイムズが分析したところでは、FAAによる737MAXの認証プロセスが進んでいた2016年、サウスウエスト幹部はボーイングに対し、737MAXに新たに搭載予定だった運航アラート（警報）機能について、ある提案をした。サウスウエストがすでに運航していた数百機の737NGのうち1機だけに同じものを「後付け」しておき、737MAXの型式証明が得られたらそのアラートの機能を止めることができないか、という申し出だった(4)。

徹底的にこだわった「訓練回避」

いかにも奇妙な提案である。そんなことを言い出したのはどうしてか。

737MAXから新たにアラート機能が搭載されることになれば、FAAがその機能への対応をめぐってパイロットに追加訓練を義務づける可能性があると、サウスウエストはみていた。「運航中の737NGにも搭載済みの機能です」とFAAに報告できる事実をでっち上げれば、新機能ゆえの追加訓練を免れられる。サウスウエストはそう考えていたというのが訴訟の原告側の見立てだった。

事実なら、サウスウエストはFAAをだますよう、ボーイングに働きかけていたことになる。

提案通りボーイングが行動したのかは明らかになっていない。サウスウエストは「原告による事実の性格付けについては徹底的に争う」と反論している。

航空会社と、その要望をくむ必要があるボーイングにとって、パイロットの追加訓練はできるだけ避けたいものだった。

ボーイングは、パイロットが読む運航マニュアルの本体部分に、問題のシステムMCASの存在を記載せず、航空会社にも知らせなかった。737MAXの安全性をチェックしていたFAAに対しても、システムが致命的になり得るほど力を増していたことを伏せていた。システムの挙動とそれへの対処に絡んで、パイロットの特別な操作が必要だとFAAにみなされれば、追加訓練を義務づけられる可能性があったからだ。

FAAが737MAXに型式証明を与える手続きで、ボーイングは開発スケジュールの厳守に加え「訓練の義務づけを回避する」という点にこだわり抜いた。そのためなら、FAAを欺くことも、乗客が危険にさらされることもいとわなかったのだろうか。二つの事故後に明らかになったのは、ボーイング内部の驚くべき倫理観の崩壊だった。

「自分なら家族を乗せない」衝撃の社内記録

737MAXの開発と、型式証明に向けたFAAの審査が並行して進んでいた2013〜2018年、ボーイングの「チーフ・テクニカル・パイロット」だったマーク・フォークナーら社員が同僚らに宛てた膨大なメールやテキストメッセージの原文が、連邦議会とFAAの調査によって明るみに出た。個人名など一部は黒塗りながらも、エンジニアや社内パイロットたちが日常的にどんなやりとりをしていたのかが生々しく記録されていた。

「（前世代機の）737NG向けだろうがMAX向けだろうが、訓練は違わない。あからさまなでっち上げに見えるのは分かっているが、それが、我々が規制当局とプレーすべきゲームなのだ」（2015年6月12日）

「NGからMAXへの移行に、いかなるシミュレーター訓練も要求させはしない。ボーイングは、そんなことは許さない。それを要求しようとする、どんな規制当局にも立ち向かう」（2017年3月28日）

「君は家族をMAXのシミュレーターで訓練された航空機に乗せるか？　自分なら乗せない」（2018年2月8日）

記録から浮かび上がるのは、開発陣が問題のシステム「MCAS」のリスクに感付いていたのに、追加訓練が義務づけられるのを回避するため、それをFAAに伏せていた疑いが強いことだ。**「この飛行機って、馬鹿げている」「神よ、この飛行機は絶望的だぞ」**といったメッセージも見つかった。

ウォッカを飲みながらとみられるフランクなやりとりも複数あった。そのまま表に出ては困る軽口を職場でたたくことなど、誰しも身に覚えがあるだろう。しかし、一連の記録が示すのは、「軽口」の次元をはるかに超えて深刻な職業倫理と安全文化の欠落だ。各国の航空当局や航空会社を見下す姿勢もまた際立っていた。

「この飛行機を設計したのは道化で、そいつらは今度はサルたちに監督されているんだ」

（2017年4月26日）

「道化」はボーイングのエンジニアを、「サル」はFAAを指すとみられる。ちなみに、日本の国土交通省航空局について「ボーイング社員」は、ブラジルの航空当局とともに「**まだ石器時代で止まっている**」と表現していた。

フォークナーはFAAとの連絡係を担いつつ、乗員向けのマニュアルづくりなどを任されていた。彼の関心は「訓練回避」の一点に注がれていた。

二つの墜落事故では、機首の傾きを測る迎え角センサーの不具合で誤ったデータが送られ、MCASが作動した。センサーは機首の左右両側に一つずつ、合わせて二つついていた。にもかかわらず、MCASは片方のデータだけに基づいて起動する仕組みだった。

二つのセンサーのデータを組み合わせて起動を判断する仕組みであったなら、片側の不具合だけでは事故につながらなかった可能性がある。「一つの系統に障害が起きても、予備が機能する」という航空安全の鉄則に、明らかに背くつくりだった。開発陣は、なぜそんな危険を冒したのか。

両方のセンサーのデータが食い違った場合、パイロットは特別な対応が必要になるかもしれない。そうなれば、FAAから追加訓練を義務づけられかねない。やはり訓練を避ける狙いから、片方だけのデータに頼る危うい設計を選んだ疑いが指摘されている。(5)

訓練回避に向けたボーイングの「努力」は実を結んだ。FAAは結局、シミュレーターによる追加訓練を義務づけなかった。737NGを以前から操縦していたパイロットたちは、場合によっては1～2時間ほどのiPad上の講習を受けるだけで済んだ。MCASの存在すら知らされないまま、737MAXのコックピットに乗り込んでいった。

事故機のパイロットたちも、しかるべき訓練さえ受けていれば、MCASの誤作動に対処できたかもしれない。ボーイングCEOのミュイレンバーグが会見で語った「完全に適切な手順」を踏めていた可能性があるのだ。

遺族たちは、犠牲者が「ボーイングに殺された」と、よく語っていた。

少しだけ話が脇道にそれるが、記者として気をつけていることが、私にはいくつかある。事故や事件の被害者、あるいは社会で弱い立場にある人たちの声を直接聞き、広く伝えるのが記者の使命なのは言うまでもない。しかし、被害者や弱者、少数者の言葉だからといって、その主張が無条件に正しいとは限らないということには、自覚的であるべきだ。それは、737MAX事故の遺族の発言についても例外ではない。

ただ、犠牲者の346人が「亡くなった」のではなく「殺された」と表現することについて、遺族たちの主張が行きすぎだという理由を、私はまだ見つけられずにいる。

ジェダイ・マインド・トリック

フォークナーとみられるボーイング社員が社外とやりとりをした後に、同僚に伝えたメッセージが記録に刻まれていた。ＳＦ映画「スター・ウォーズ」に登場する「ジェダイ」に、彼は自らをなぞらえていた。神秘的な力「フォース」を使いこなして相手の意識を操る正義の騎士である。

「この馬鹿者たちの心をジェダイのように操った（jedi mind tricked）だけだよ。こんな電話を1本受けるごとに、自分は1千ドルずつ与えられるべきだ。追加訓練を求めようとするのがばかばかしいと彼らに思わせて、相当な額を会社のために節約したんだから」

（2017年12月12日）

よほどのスター・ウォーズファンなのだろう。公表された文書のうちフォークナーらのやりとりを集めた117ページの記録に、「ジェダイ」は少なくとも8回登場する。追加訓練を避けるため、航空当局者や、時には顧客の航空会社を言いくるめようとする文脈で使われていた。

すでに737ＭＡＸの最初のモデルが型式証明を受け、初号機が納入されていた2017年6月5日のことだ。ある航空会社が、737ＭＡＸのパイロットにシミュレーターによる追加訓練を十分に受けさせる必要があるのではないか、と問いただしてきた。

それに対しフォークナーとみられる人物は、「**たぶん、あいつらがバカだからだ**」（**maybe because of their own stupidity**）と切り捨てた。その要請を断るために自分が動かなければならないとしたうえで、もう一度「**愚か者が**」（**idiots**）と付け加えた。さらに、下品な単語を使って航空会社をけなすやりとりを同僚と続けていた。

ボーイングに訓練を打診したことで「バカ」呼ばわりされたその航空会社とは、翌年10月に1

機目の事故を起こすインドネシアのライオン航空だった。

ＭＣＡＳをめぐる重要情報をＦＡＡに隠したなどとして、テキサス州の連邦大陪審は２０２１年10月、フォークナーを詐欺罪などで起訴した。ダラス連邦地検の検事は「被告人はボーイングの経費を節減するため、重大な情報を当局に提供しなかった」ことを罪状に挙げた。７３７ＭＡＸ事故をめぐってボーイングで刑事訴追されたのは彼だけだった。

スケープゴート

ボーイングをすでに退職していたフォークナーは、法廷で無罪を主張した。彼の弁護士は「この悲劇をめぐってはスケープゴートではなく、真実こそが追究されるべきだ」と訴えた。翌２０２２年３月、フォークナーは無罪判決を勝ち取った。

表沙汰になったメッセージの数々が、航空機開発に関わる者として職業倫理にもとるものだったのは誰が見ても明らかだ。一方で、刑事手続きの結果としての無罪判決が正当なのかどうか、確信を持って意見を述べるのに十分な材料を私は持たない。

ただ、ずっと気になっていたのは、なぜボーイングがこれらのメッセージの記録を司法省の捜査だけでなく議会やＦＡＡの調査にも提供したのか、ということだった。その内容はどう考えても世論のボーイングへの批判を強めるものばかりだったからだ。

フォークナーの弁護士が主張した「スケープゴート」という単語に、ヒントがあるように思えた。「チーフ・テクニカル・パイロット」という肩書は大層なようにみえるが、フォークナーは

ＭＣＡＳの開発を主導したわけでもない。ボーイングという巨大組織の一中間管理職として、求められた役割を果たそうと動いたに過ぎない。

それなのに、結果的には無罪だったものの、事故の刑事責任を一身に問われた。議会やメディアの批判も彼に集中した。上層部がどのような指示をフォークナーらに出し、それが「追加訓練を是が非でも避ける」という彼の言動にどうつながったのかは、法廷では明らかにされなかった。フォークナーらによる一連のメッセージが明るみに出ると、ボーイングは「会社の姿勢を反映しておらず、決して受け入れられない」とコメントした。謝罪の姿勢は示しつつも、あくまで一部の現場で起きた例外・逸脱にすぎない、との立場をとったわけだ。

しかし社内記録には、極限までのコスト削減とスケジュール順守を強いられ続ける現場の嘆きの声も、しっかりと残されていた。

「これらをどう解決すればいいか分からない。これはシステミックであり、文化（の問題）なんだ。経営陣はビジネスをほとんど知らないくせに、明確な目標だけは押しつけてくる」

忌まわしいメッセージの数々をボーイングがあえて議会やＦＡＡに提供し、公表に同意した狙いは何だったのか。事故を起こしたことへの反省に基づき、調査に協力した証しなのか。そこに、経営陣の責任に焦点が当たるのを避けようという意図はなかったか。

フォークナーの弁護士が「追究されるべきだ」と主張した「真実」。最初の事故から６年が経った今も、それはまだ闇の中にある。

第三章

キャッシュマシン化する企業

エチオピア航空の737MAX。ボーイング史上最速の販売を誇る主力機となった（著者撮影）

「ドル箱」と化した737MAX

ボーイングが急ごしらえした737MAXは2017年、とうとう世界の空に解き放たれた。アメリカ連邦航空局（FAA）から型式証明を取得し、「安全」とのお墨付きを得たのだ。初号機の引き渡しを伝えるプレスリリースがある。(1)

ボーイング、最初の737MAXの納入を完了

2017年5月17日　ボーイングは最新の単通路ジェット機であるレントン工場製の737MAXを、マレーシアに本拠を置くマリンド航空に納入した。同社はMAXを商業運航させる初めての顧客となる。ボーイング商用機部門の社長兼CEO、ケビン・マカリスターは、737MAX8型機の並外れたパフォーマンスと柔軟性は顧客の期待に応える価値を提供するとしたうえで、「本日は単通路機の市場にとって、新時代の幕開けだ」と述べた。（中略）737MAXはこれまで世界中の87の顧客から累計3700機以上の注文があり、ボーイングの歴史上で最速の売れ行きを記録している航空機である。

前世代機の737NGに比べ燃費性能を格段に向上させたうえ、NGを運航しているパイロットなら専用シミュレーターの追加訓練を受けなくてもいい。ボーイングのアピールは航空会社に響いた。737MAXは2011年に開発を始めた直後から注文が殺到した。初号機がインドネシア・ライオン航空傘下のマリンド航空（その後「バティック航空マレーシア」にブランド名を変更）に引き渡された後も、順調に受注を重ねていった。

エチオピアで事故が起きた2019年3月の段階で、737MAXは約380機が納入され、受注残も4600機に達していた。受注が合わせて5千機に迫っていたということになる。737MAXのカタログ価格は最小モデルでも約1億ドルなので、単純計算すると受注額は計5千億ドル（約55兆円）規模に達していた。ボーイングが737MAXの売れ具合を「史上最速」とアピールし続けたのも誇張ではない。

受注数（納入済み含む）で圧倒的なトップだったのはサウスウエスト航空（280機）で、3位にライオン航空（201機）がつけていた。日本ではANAホールディングスが2019年1月、将来的に30機（仮発注10機含む）を導入すると発表した[2]。

737MAX（2023年時点の公式ウェブサイト上カタログ価格で0・99億ドル＝約140億円〜）だけで、ボーイングの商用機受注数全体の実に8割を占めていた。一方、中型機の「787」（同2・48億ドル＝約350億円〜）や大型機「777」（同3・06億ドル＝約430億円〜）、超大型機「747」（同4・18億ドル＝約590億円〜）は、1機あたりの価格が高く利幅も厚いが、航空会社からの受注数は桁違いに少ない。

737MAXには今後十数年間にわたり、ボーイングと関連産業を支えるドル箱としての期待が高まっていた。その受注増と軌を一にするように、ボーイングのある財務戦略が際立っていく。「自社株買い」への傾注である。

通信簿としての「1株あたり利益」

経済部に配属された記者はまず、財務諸表の読み方をたたき込まれる。四半期ごとに発表される何社もの担当企業の決算を読み込み、何がニュースかを素早く判断する。経験を重ねるうちに、企業を見る目や数字の規模などの相場観が養われていく。

どんな要素を売り上げや費用とみなし、どう利益を計算するのかを定める会計基準は日米欧で異なる。ただ、互いに共通性を高めて収斂《しゅうれん》させる取り組み（コンバージェンス）が進んだ。トヨタ自動車やソニーグループなどのグローバル企業の多くは、欧州とかかわりの深い国際会計基準（IFRS）を採用する。企業財務の評価に、日米欧で比較不能なほどの隔たりはない。

私も決算報道にはそれなりに慣れていたつもりだったが、ニューヨークに赴任してすぐに戸惑った。経済専門テレビなどが決算を速報する際、ヘッドラインが利益の総額ではなく、純利益を発行済み株式数で割った「1株あたり利益」（EPS = Earnings Per Share）であることが多いからだ。

トヨタ自動車の2024年3月期決算ならば「トヨタの純利益4・94兆円」ではなく、「トヨタのEPSは365円94銭」という具合だ。次に来る情報はたいてい、市場の事前の予測よりもどれだけ多かったか少なかったか、ということだった。

なぜ、利益の総額よりも、利益を株式数で割ったEPSが先に報じられるのだろうか。株主や、その銘柄に関心のある投資家の多く、つまり「市場」が気にするのがその数字だからだ。アメリカは「株の国」である。読者・視聴者の多くは、同時に投資家でもある。経済ニュースはもとより政治、社会にからむ大きな出来事はたいてい、株価を動かす材料としても論評の対象となる。

投資家にとって大事なのは利益の総額よりも、自分が持っている、あるいは買うかもしれない株式の価値に対して、どの程度の利益が上がっているかということだ。勤め人が気にかけるのが企業の人件費の総額ではなく、1人あたりの平均年収であるということにも似ている。株式市場では1株あたりの収益力を示すEPSが、経営者の重要な「通信簿」となっていた。

EPSを高める正攻法は、利益÷株式数の「分子」である利益を高めることだ。ただ、利益を増やすのはそう簡単でない。もっとたやすくEPSを引き上げる方法がある。「分母」である株式の数を減らしてしまえばよいのだ。利益は一定でも、それを分け合う株式数が減れば、計算上、1株あたり利益は増える。

株式の総数を減らす手段が「自社株買い」である。文字通り、市場に出回っている自社の株式を、時価で一部買い戻すことを意味する。それによって1株あたりの価値が高まり、株価の上昇が期待できる。

もっとも、株式市場が十分に効率的で、市場参加者によって企業価値＝株価が適正に評価されていた場合は、その株価で自社株買いをしても、理論上の株価は変わらないという考え方がある。ただ、外部よりも豊富な情報を持つと想定できる経営者が、わざわざ自社株を買う決断をするということは、実質的に「株価が割安だ」「成長に自信がある」というシグナルを発しているとも考えられる。この「アナウンスメント効果」もあり、現実には自社株買いを公表すると株価はだいたい上がる。

自社株買いは、株主に直接キャッシュを配る「配当」と並び、株主に資本を還元する手段として広く使われるようになった。

かつての「禁じ手」、今や主流に

アメリカではかつて、自社株買いは実質的に禁じられていた。

1920年代の自由放任主義的な経済体制が株式投資ブームを過熱させ、結果として1929年、ニューヨーク証券取引所での株価大暴落を招いた。大恐慌の引き金を引き、アメリカと世界の経済をどん底に陥れた。

その教訓を踏まえ、1933年に発足したフランクリン・ルーズベルト政権は、ニューディール政策の先駆けとして、証券法（1933年）や証券取引所法（1934年）を相次ぎ成立させた。証券不正がはびこり堕落した金融市場に、規律を取り戻そうとした。

いかなる株価の恣意的操作も禁じられた。自社株買いが明示的に禁止されたわけではなかったが、やはりこの時期に発足した証券取引委員会（SEC）に株価操作として摘発されるリスクが生じた。あえて自社株買いに踏み切る経営者はいなくなった。

潮目が変わったのは1970年代だった。株主主権論が勢いを増し、株主に手っ取り早く報いる手段として、自社株買いを解禁すべきだとの議論が広がり始めていた。ロナルド・レーガン政権下の1982年、半世紀ぶりにウォール街の証券会社出身者がトップに就いたSECが、自社株買いの実質的な解禁に踏み切った。

一定の条件を満たせば違反や罰金の対象にならない「セーフ・ハーバー」(安全港)の考え方が適用された。「1日に買い戻す自社株の数が、平均的な1日あたり取引高の25%を超えない」といった条件をクリアすれば、株価操作として摘発することはないと明示したのだ[3]。

経営者たちは自社株買いを増やし始める。一段と株主中心主義が強まった1990年代末には、配当を上回る額にまで膨らんだ。わずか20年前までは株価操作とみなされたかもしれない「日陰者」が、名実ともに株主還元策の主役に躍り出たことになる。

配当は経営を将来にわたり縛る。いったん引き上げると後に減らしづらいからだ。自社株買いなら、懐具合に応じて臨機応変に使える。株主にとっても、配当には税金がかかるが、自社株買いならその時点では無税だという利点があった。21世紀に突入するころ、自社株買いは、経営者が株主にどれだけ報いたのかをはかる代表的な指標になっていた。

ボーイングは同業のマクドネル・ダグラス社を吸収合併した直後の1998年からリーマン・ショックのあった2008年までに、その間の利益の8割にあたる200億ドル超を自社株買いに費やした。これとは別に、配当として利益の3割にあたる80億ドルを配った。つまり、利益を超える額の現金を株主還元していた。さらに別次元のレベルまで「キャッシュマシン」化が進んだのは、リーマン危機で途絶えていた自社株買いを再開してからだった。

なお膨らむ株主還元、過小評価された事故

737MAXの受注が1000機を超した翌年の2013年、ボーイングはほぼ5年ぶりに自社株買いを復活させた。2019年3月に737MAXの2度目の事故が起きる直前まで、その間の純利益の総計約410億ドルを大きく上回る600億ドル（約6・5兆円）超を株主に還元していた。うち7割の430億ドル超が自社株買いで、残りが配当だった。日本円に引き直して考えてみる。最終的なもうけである純利益が年間1兆円前後の企業が、毎年1・5兆円近くのキャッシュを株主に贈り続けているイメージだ。

話はこれで終わらない。2018年末には、1機目の737MAXが墜落したわずか2カ月後だったにもかかわらず、さらに2割の配当アップ（増配）と、自社株買いの200億ドル（約2・2兆円）への増額も公表した。いかにインドネシアの事故を過小評価していたかがわかる。当時のプレスリリースは、会社の将来が明るさに満ちていると、高らかにうたいあげていた。直前のインドネシアでの事故には一言も触れていない。(4)

ボーイング取締役会、配当を20%引き上げ、自社株買い枠は200億ドルに増額

シカゴ、2018年12月17日　ボーイング取締役会は本日、四半期配当を20%増やして1株につき2・055ドルにすると公表した。また、前年12月に承認した既存の180億ドル分の

自社株買いプログラムを変更し、２００億ドル分とすることを承認した。

「ボーイングは、我々が参加している各市場に著しい機会があるとみており、全方位で勝てる自信がある」とボーイング会長兼社長兼CEOのデニス・ミュイレンバーグは述べた。

「ボーイングの力強い事業のパフォーマンス、財務上の健全さ、そして明るい将来見通しは、人々と職場、イノベーティブな製品とサービス、成長戦略を加速させる戦略的な買収や提携への継続的な投資の土台となる」

（中略）ボーイングは直近の6年間で配当を325％近く増やし、同じ期間で2億3千万株以上を買い戻した。ボーイングは80年以上にわたり、配当を着実に払ってきた。（中略）２０１7年12月に１８０億ドルの自社株買いが承認されて以来、ボーイングは今年、90億ドルの自社株を買い戻した。２０１８年分の自社株買いは終えた。タイミングや量はボーイング経営陣に任せられるものの、新たに承認された自社株買いは２０１９年１月に始まり、24カ月に及ぶと見込んでいる。

トランプの大減税、ふたを開ければ

白紙から新型小型機を開発するには１００億ドル規模、つまり１兆円超がかかるといわれる。ボーイングが白紙から小型機を作る計画を捨て去り、既存機種の改良でしのごうとした理由の一つは、コストの大きさだった。２０２３年２月、ついに完全撤退を表明した三菱航空機による初の国産ジェット旅客機「スペースジェット」（旧ＭＲＪ）も、過去にかかった開発費は１兆円規模にのぼる。

ただ、新型機開発の膨大なコストと比べてみても、6年余りの実績で430億ドルというボーイングの自社株買いの大きさは際立つ。新型機の開発を避けて利益を膨らませ、稼いだ分をはるかに上回る現金をはき出しつづけた末、1機目の墜落事故の後ですら金額の上積みをはかったわけだ。

自社株買いの隆盛は、ボーイングに限った現象ではない。アメリカを代表する株価指数「S&P500」を構成する大企業500社の合計では、コロナ危機直前までの10年間で総額5・3兆ドル(約580兆円)という途方もない額にのぼる。ドナルド・トランプが大統領に就任する前の2016年には5364億ドルだったのが、トランプ政権が大規模減税を決めた後の2018年には8064億ドル(約89兆円)にまで跳ね上がっていた。(5)

トランプは2017年1月の大統領就任以来、TPP(環太平洋経済連携協定)からの離脱など後ろ向きな「実績」は数あれど、人々の暮らし向きの改善に直接つながる経済政策をほとんど実現できずにいた。そんな中、2017年末に決めた1・5兆ドル(約170兆円)もの大減税は、翌年に中間選挙を控えて大きなアピールとなった。減税法案が可決された2017年12月20日、私は効果を疑問視する記事を書いた。(6)


米大型減税、企業に追い風　トランプ氏「雇用つながる」

米政権が看板政策に掲げる税制改革法案が20日、米議会の上下両院でそれぞれ可決された。

トランプ大統領は「経済のエンジンにロケット燃料を注入する」と強調する。法人減税で企業の利益は大きく膨らむが、経済全体の底上げにつながるのかは見通せない。

両院での可決を受け、トランプ氏は演説し、「企業が戻り、我が国にとどまり続ける。それは雇用につながるということだ」と自賛した。法案は近くトランプ氏が署名して成立する。

10年間で1・5兆ドル（約170兆円）という「史上最大の減税」（トランプ氏）の目玉は、連邦法人税率を35％から21％に引き下げることだ。今も増益が続く米企業に追い風となる。

加えて、米企業が税率が低い国などにためこんだ2兆ドル超とされる利益を、米国に還流させる場合の税率も軽くする。国外子会社からの配当の課税はやめる。

英紙フィナンシャル・タイムズは、米アップルの税金が最大470億ドル（約5・3兆円）も減ると試算した。

減税を理由に、通信大手AT&Tは20日、米国内での投資を来年、10億ドル（約1130億円）増やすほか、20万人以上いる従業員に月内にも1千ドルの特別ボーナスを出すと発表した。ボーイングや金融大手ウェルズ・ファーゴなどもこの日、追加投資や賃上げを相次いで公表した。

経済刺激、限定的か

減税で企業の手持ちが増える分を設備投資や雇用に回してもらい、目標の「年3％成長」につなげる――。トランプ政権はそんなシナリオを描く。

11月、米紙ウォールストリート・ジャーナルのイベントに米企業の経営者らが集まった。同紙編集者が、減税で投資を増やすか会場に尋ねたが、挙がった手はまばらだった。米企業にはすでに潤沢な手元資金がある。低金利が長期化する中でも投資は低調だった。今さら現金が増えても、増配などの株主還元に充てたり、合併・買収（M&A）に使ったりする可能性が高い。ミシガン州立大の経済学者、チャールズ・バラード氏は「不況時ならまだしも、いま減税で経済を刺激する意味はない」と話す。

一方、減税で財政赤字は1兆ドル規模で膨らむ見込みで、今後は支出削減が焦点になる。

（ニューヨーク＝江渕崇）

投資や雇用、イノベーションにつながってアメリカ経済を潤すという触れ込みだった大型減税。しかし、経済全体の底上げにつながったのかは疑問符が付く。ふたを開けてみれば、企業はもうけがかさ上げされた分を、投資や雇用には回さなかった。それを大きく上回る現金を自社株買いと配当の増額に使い、株主にばかり報いていた。

再びデータを見よう。2018年、アメリカの大企業500社の純利益は合計で1兆1168億ドルだった。トランプ減税の底上げにより、前年から19％膨らんでいた。一方、8064億ドルの自社株買いと、4563億ドルだった配当を合わせて、前年比34％増もの計1兆2627億ドル、日本円にして約140兆円を株主に還元していた。[7]

借金してまで自社株買い

自社株買いは現金で対価が支払われる。実務上は純損益よりも手元の現金がどれだけ増減したかを示すフリーキャッシュフロー（純現金収支）と関係が深い。「利益は意見、キャッシュは事実」と言われるように、純損益は帳簿上の概念であり、必ずしも現金の支払い余力とは一致しないからだ。

とはいえ、企業が毎年生み出した純利益の合計を大きく上回る額の株主還元がなされている事実は、注目に値する。株式市場は教科書で習う「企業が資金調達する場」というよりも「株主が企業からマネーを吸い上げるための場」という性格が強まったことを意味する。

商品やサービスを生み出すための設備投資や研究開発に資金を回しても、利益を回収できるのはしばらく先なうえ、不確実でもある。目先の株価上昇を重視する一部の株主にとって、自社株買いは投資より「オッズ」は低いがほぼ確実にもうけが期待できる賭けだった。

ライバル企業に対抗して株価を上げようと、アメリカの経営者は、自社株買いの気前の良さを競い合っている。資本市場でのボーイングのライバルはエアバスではなく、ウォルマートやゴールドマン・サックス、アップルなどの優良「銘柄」だったのだ。

ちなみに、トランプ減税による受益者の代表格だったアップルが2018年に買い戻した自社株は、前年から倍増して742億ドル（約8・2兆円）。それまで5年余りのアップル株の上昇分のうち42％は自社株買いで説明できるとも解説された。(8)

アップルのような「キャッシュリッチ」企業ならば、余計な投資で資金を浪費したり、使い道のない現金を持ち続けたりするよりも、株主に戻した方が合理的なケースがある。投資先に乏しい成熟企業が余ったキャッシュを投資家に返し、その分が新興企業に再投資されれば、経済全体の資源配分が最適化されるという考え方もできる。金持ちの石油企業がキャッシュを自社株買いに回せば、その分、再生可能エネルギー企業への投資が増えるかもしれない。

経済が成熟した今、企業が投資先を見つけづらくなったのは事実だ。ただ現実には、ボーイングのように投資すべきものがあったにもかかわらず、それを削ってでも、巨額の自社株買いに精を出す企業が後を絶たなかった。また、手元の現金に乏しい企業ですら、わざわざ社債を発行して借金を増やし、それによって株主に惜しみなく報いていた。企業の「信用」を現金化し、株主に配っていたということになる。

生産ではなく信用の拡大という変質

企業をビジネスの主体としてではなく、あたかも株主のためのキャッシュ製造機とみなす。そんな資本政策が、ファンドや銀行だけでなく、製造業やサービス業にも広がった。

生産の拡大ではなく、信用の拡大によって経済を回す——。アメリカの資本主義のありようの変質を、自社株買いの流行は象徴している。それは、サービスや製品を社会に提供して富を生み出す仕事に携わる人々よりも、他人がつくり出した富を右から左に動かす人々の方が、桁違いに多くの報いを得る経済への転換も伴っていた。

アメリカ経済が信用頼みを深めていく環境を整えていたのは、中央銀行のFRB（連邦準備制度理事会）がリーマン危機後約10年にわたり続けていた未曾有の金融緩和だった。超低金利と株主還元のマネーの洪水は、株価を急激に押し上げる。私がニューヨークに赴任した2017年3

月、ダウ工業株平均は2万ドル強だったのが、「トランプラリー」とも呼ばれる力強い上昇を見せた。

騰勢が強すぎ、ダウ平均は2万2千ドル、2万3千ドルといった1千ドル刻みの「節目」にすぐ達した。その都度、速報を送ることが求められた。出張先の空港や機内、道路脇に停めたレンタカーの運転席でパソコンを起動し、株価の原稿を送ったことも数知れない。

トランプラリーの狂騒の陰で、株主還元などのために借金を重ねてきた企業の多くは、財務が一段と脆弱になっていた。スターバックスやマクドナルド、フィリップモリス、ホーム・デポ、ヤム・ブランズ（「ケンタッキー・フライドチキン」や「ピザハット」「タコベル」を展開）など、「債務超過」に陥る有名企業が続出した。

債務超過とは、会社の資産を全て売り払っても借金を返しきれない状態のことをいう。債権者保護が重んじられる日本ならば、大企業が債務超過に陥れば一大事だ。上場廃止基準に触れたり、銀行から融資を受けづらくなったりし、企業の存続が危ぶまれることすらある。

例えば東芝だ。アメリカの原発子会社が出した巨額損失が東芝本体にのしかかり、債務超過に陥ったのが一連の混乱の決定打となった。東証から上場廃止にされそうになり、6千億円もの増資を海外ファンドなどに引き受けてもらうことで債務超過を解消した。しかし、その際に自ら招き入れたアクティビスト（モノ言う株主）の要求に何年間も翻弄され続けた。

一方、株主重視のアメリカでは、余計な現金を抱え込んだり、もうけが期待できないビジネスに過剰投資したりする方が、むしろ批判にさらされる。できるだけ少ない資本でどう効率的に稼ぐかが問われ、だからこそ株主資本の減る自社株買いが歓迎された。また、自社株買いをすればその分、将来の株主配当の支払いは減る。金利が十分に低ければ、自社株買いのために借金をして、その利子を払った方が企業にとって合理的だとの考え方もある。フリーキャッシュフロー（純現金収支）が黒字である限りは、債務超過がことさら問題になることは少なかった。

年30億円のCEO報酬を正当化する論理

737MAXの好調な受注、そして株主還元の大盤振る舞いを好感し、ボーイングの株価は上昇を続けた。2018年以降、トランプ政権と中国の習近平指導部が対立を深め、追加関税の応酬を繰り広げた。輸出企業にとって強烈な向かい風が吹く中ですら、ボーイング株は底堅く動いた。2013年初めに75ドルほどだったボーイング株は、二つ目の事故直前の2019年3月1日には440ドルの高値をつけた。

株価に連動した報酬を得る経営陣も、株高を謳歌した。ボーイングが証券取引委員会（SEC）に提出した文書によると、当時のCEO、デニス・ミュイレンバーグは2017年に2373万ドル（約27億円）、さらに株価が上昇した2018年には3005万ドル（約33億円）の実質的な報酬を得ていた。(9)

このうち基本給にあたる「ベースサラリー」は毎年170万ドル（約1・9億円）ほどに過ぎず、残りは「年間インセンティブ」「長期インセンティブ」「ストックオプション」など、業績や株価との連動性が高い性格のものだった。

SECに届け出た文書でボーイングは、なぜミュイレンバーグの報酬が上がったのかを、いくつもの数字を挙げて説明している。2018年の売り上げは1008億ドル（約11兆円）で、目標の970億ドルを上回った。同様にフリーキャッシュフローは136億ドル（目標128億ドル）、1株あたり利益（EPS）は15・51ドル（目標14ドル）といった具合だ。競合22社の中でも、2016〜2018年の株主還元ランキングが1位だった。そうしたデータをこれでもかと羅列することで、昇給を正当化していた。

高禄を食《は》んでいたのはミュイレンバーグにとどまらない。最高財務責任者（CFO）だったグレゴリー・スミス、防衛・宇宙・セキュリティ部門CEOだったリアン・キャレット、最高技術責任者（CTO）だったグレゴリー・ヒスロップ、元判事で法務顧問だったマイケル・ルティグといった幹部たちも年間739万ドル〜1723万ドル（約8億円〜19億円）を得ていた。いずれもベースサラリーは60万ドル〜103万ドル（約6600万円〜1・1億円）とごく一部で、報酬の大半が業績に連動して計算されていた。

なお、株主の利益を代表して経営のお目付け役となる社外取締役たち12人の報酬は、31万5千ドル〜37万1千ドル（約3500万円〜4100万円）だった。執行側の金額を目にした後ではおとなしく見えるが、掛け持ち可能な非常勤であることを考えれば、それなりの厚遇である。社外取締役たちそれぞれの報酬のうち、ほぼ半分の18万ドルは自社株だった。

経営幹部の収入は利益と株価次第だった。コストを削り、研究開発や次世代への投資を抑え、従業員数や賃金を減らせば減らすほど、そして、会社のカネを自社株買いで流出させればさせるほど、少なくとも短期的には、取り分が膨らんでいく構図になっていた。経営者が会社を「食い物」にするインセンティブが、そこには埋め込まれていた。表向きは至上の価値としてきたはずの株主の利益とすら、しだいに乖離が生じていくことになる。

パンデミックという「CTスキャン」

ボーイングが惜しみなく株主還元を続け、キャッシュを流出させるのに伴い、会社としての体力は細っていった。

純利益が100億ドル（約1・1兆円）を超えて過去最高益を記録したはずの2018年末。純資産（資産から負債を引いた正味資産）は逆に前年から8割近くも減り、4・1億ドルしか残されていなかった。[10] タコが自らの足を食うように、自社株買いは財務基盤をむしばんでいた。

737MAXは2機目の事故が起きた2019年3月から1年8カ月以上にわたり運航を禁じられた。航空会社に納入もできず、その分の収入が途絶え、事故の処理費用がかさんだ。2019年6月末時点で、ボーイングもついに債務超過企業の仲間入りを果たす。

737MAXは400機以上も在庫が積み上がり、各地の空港などで風雨にさらされていた。晴天率の高さで知られるワシントン州のモーゼスレイク空港を、開発中だった三菱航空機の「スペースジェット」（旧MRJ）の取材で訪れたときのことだ。200機以上もの737MAXがずらりと留め置かれているのを偶然目にした。各国の航空会社向けに塗装された機体は、発電機とみられる車両からケーブルを引き込み、最低限の機能を保っていた。生命維持装置にでもつながれたような姿は、当時のボーイングと二重写しに見えた。

そして2020年春、新型コロナウイルスのパンデミックが世界を襲う。初期のショックが激しすぎたこともあり、ボーイング、そしてアメリカ経済が抱えていた構造的な問題を、いったんは棚上げするかにみえた。

しかし、そんな診断は誤りだった。パンデミックはむしろ、それぞれの社会や組織が元から抱えていた病巣をCTスキャンのようにくっきりと浮かび上がらせた。持病がある人ほど病状の悪化が深刻だったように、かねて問題を抱えていた社会や組織ほどウイルス禍がもたらした危機に脆かった。

典型例がボーイングだった。株主にキャッシュを配り尽くし、ただでさえ企業としての体力がやせ細っていた。パンデミックで航空需要が消え去ると、またたく間に資金難に陥った。株価は2019年の440ドルの高値から、一時は100ドルを切るまで暴落した。政府に公然と救済を請うところまで追い詰められていく。

価値の「創造」から「抜き取り」へ

アメリカの資本主義の変容を半世紀にわたり研究しているマサチューセッツ大名誉教授のウィリアム・ラゾニックは、自社株買いの拡大に早くから警鐘《けいしょう》を鳴らしてきた経済学者の一人だ。2014年発表の「繁栄なき利益」(Profits Without Prosperity)という論文で、企業の利益が膨れあがり、株価も上がっているのに、幅広い経済の繁栄に結びついていない実態を問題視した。[11]

アメリカの企業経営の主眼が1970年代後半を境に変質し、投資や研究開発を通じて価値を新たにつくりだす「価値創造」(Value Creation)から、むしろ経済から価値を抜き取る「価値抽出」（Value Extraction）に力点がシフトした、と彼は解説する。

自社株買いはその象徴だった。手数料で証券会社は潤うかもしれないが、自社株買い自体が新たな価値を経済に加えるわけではない。株主と経営者が、経済から価値を「抜き取る」ための手段として、自社株買いが多用されたというのがラゾニックの診断だ。

ボーイングは自社株買いに湯水のごとくキャッシュをつぎ込む一方で、全くの新型機の開発をやめ、パイロットの訓練回避に力を注いだ。二つの事故は、その結果として起きた。事故後に意見を求めると、ラゾニックは「自社株買いに費やした金額のごく一部を充てるだけで、新型機も開発できたし、パイロット訓練のために航空会社に補助することもできたはずだ」と言った。

自社株買いに充てられた利益も、新型機の開発を避けるだけでなく、設備投資を手控えたり、エンジニアの人件費を削ったりすることでひねり出された、とラゾニックは分析する。2019年までのボーイング株の上昇は、将来の自社株買いのさらなる拡大と、737MAXの受注増が織り込まれたものだったと指摘したうえで、彼はこう締めくくった。

「株主価値の最大化という名の下で、企業がキャッシュを求めて金融マシン化していった。肥大化した自社株買いは、大株主や経営者ら超富裕層への富のさらなる集中と、普通の人々にとっては雇用機会の空洞化、そして経済全体にとっては生産性の停滞を招いた。ボーイングに限らない。1980年代から続く、アメリカ経済の病理だ」

第四章

シアトルの「文化大革命」

ボーイング創業時の空気を今に伝える旧本社兼工場「レッド・バーン」(著者撮影)

シアトル企業としての源流

20世紀の科学技術の進歩を象徴する存在でもあるボーイングは、かつて卓越したエンジニアリングを誇っていた。それが「金融マシン」と評されるほどに変質する。いったい、何が起きたのか。

雪を頂いて屹立するカスケード山脈の峰々が、東方向の視界の彼方にうっすらと浮かぶ。雲の白と雪の白が溶け合い、空と山が一体化したかのような錯覚を誘う。手前にはユニオン湖が穏やかに水をたたえ、周りを整った住宅地が取り囲む。

万国博覧会のあった1962年に建てられて以来、シアトルのランドマークであり続けてきたタワー「スペースニードル」からのパノラマは、眺めていて飽きることがない。市街地のそばまで迫る豊かで深い緑は、この街の愛称が「エメラルド・シティー」であることを思い起こさせる。

南側に視線を移すと、超高層ビル群が目前に迫る。いくつもの建設用クレーンは、アジアの新興国のように、シアトルがいまも急成長の途上にあることを示す。後景には、日系人が故国を懐かしんで「タコマ富士」と呼んだマウント・レーニアの堂々たる山容が映える。西側を望めば、市街まで深く切り込んだピュージェット湾の向こうに、温帯雨林から山岳氷河までを擁するオリンピック国立公園の山嶺を見渡せる。

大小2千を超す火山の活動によって形成された大山脈と、氷河の浸食が生み出したフィヨルド。シアトルの絶景を形づくってきた地学的条件こそ、ボーイングが産声を上げ、一帯が世界の航空機産業の中心地となる舞台を整えた。

太平洋から吹き付ける湿った空気がカスケード山脈にぶつかって大量の雨を降らせ、豊かな森林と水資源が育まれた。水深があり複雑に入り組んだ海岸線は天然の良港となり、林業・木材産業の世界的拠点として発展を遂げる。水力発電による安価な電力も製造業の経営を支えていく。

ライト兄弟が初めて有人動力飛行に成功した1903年。東海岸のエリート校イェール大学で機械工学を学んでいた22歳の青年が、学校を中退して西海岸へと向かった。ウィリアム・エドワード・ボーイング。木材ビジネスで一旗揚げようとしていた。父親はドイツ出身の移民で、木材や鉱物の取引で財をなした。ウィリアムが8歳の時に42歳で早世したが、森林や鉱物資源の権利などの財産を残していた。

ウィリアムは父の遺産も元手に、まずは木材ビジネスを軌道に乗せた。1908年にシアトルに拠点を移すと、その2年後、市内を流れるデュワミッシュ川のほとりにあった造船所を買い取る。セーリングの趣味が高じ、自らヨットを設計・建造するためだった。

すでに黎明期から勃興期に差しかかっていた航空機という存在にも、彼は魅せられる。ロサンゼルスまでアメリカ初の国際飛行機ショーを観に行き、パイロットとなるために操縦技術も習った。ついには自分用の飛行機まで購入する入れ込みぶりだった。

当時の飛行機は機体の骨組みに木材が使われ、湖面や海面にフロートで浮かんだ状態から飛び立つ水上機が主流だった。木材なら手元にふんだんにあり、ヨットの建造技術も応用できる。シアトルに多い穏やかな湖や内湾は、水上飛行機のテストを繰り返すにはうってつけだ。「ここでもっと良い飛行機をつくれる」。ヨットをつくるはずだったデュワミッシュの造船所は、飛行機工場に改造された。

複葉水上飛行機の初号機が1916年6月15日、シアトルのユニオン湖で初飛行を遂げた。その場所を訪れてみると、小学校の教室ほどの広さだろうか、ごく小さな目立たない公園になっていた。コンクリートでできた囲いに、石板が埋め込まれていた。「ボーイングはこの場所から初めての飛行機を発進させた」との文字が刻んであった。

「小金持ちの道楽」から世界のビジネスに

若い小金持ちの、いわば道楽に過ぎなかった飛行機づくり。それが、初飛行翌月には「パシフィック・エアロ・プロダクツ」として法人化され、ビジネスとしての歩みが始まる。そして1917年4月26日、社名を「ボーイング航空機」(Boeing Airplane Co.)に改めた。造船所だった建物は、朱色に塗り直されて本社兼工場として使われるようになる。「レッド・バーン」(赤い納屋)として知られる、ボーイングの原点だ。

同じ1917年4月。アメリカはドイツに宣戦布告し、第一次世界大戦に参戦した。ボーイングは米軍から訓練機50機の受注に成功した。戦後、米軍向けの需要が急減すると、家具づくりまで受注して糊口をしのぎながら、民間機へと転換を進めた。黎明期の航空郵便事業にも乗り出し、さらに旅客輸送へと手を広げていった。

航空機製造と空運の両方にまたがる空のメインプレーヤーとして、ボーイングは台頭する。買収を重ね、現在のユナイテッド航空や、航空エンジンメーカーのプラット&ホイットニー（P&W）まで含めた大コングロマリット（複合企業）を形成した。1930年代のニューディール期にはルーズベルト政権によって分割を迫られるほどに巨大化。ワシントンで政権から追及を受けたウィリアム・ボーイングは、これを機に会社の会長職を退き、かかわっていた事業の株式も売り払い、会社から身を引いた。

ウィリアム・ボーイングが仕事をしたレッド・バーンの執務室外の壁には、「医学の父」ともいわれる古代ギリシャの医学者ヒポクラテスの言葉が、箇条書きでプラカードに掲げてあった[1]。

一、事実以外に権威は存在しない。
二、事実は正確な観察によって得られる。
三、推論は事実に基づいてのみ行われるべきである。
四、経験はこれらの法則が真実だと証明している。

レッド・バーンは、シアトル南部の飛行場ボーイング・フィールドの隣に1975年に移設され、航空博物館の一部として創業期の趣を今に伝えている。手で木材を加工する職人を模した人形などにより、初期の飛行機づくりの様子が再現されている。

第二次世界大戦では米軍の潤沢な予算をバックに爆撃機「B-17」「B-29」を生産した。戦後、航空機業界の主戦場が軍需から民間機へ、プロペラ機からジェット機へとシフトしたのに合わせ、ボーイングも経営の軸足を移していった。

ジャンボジェットが体現したアイデンティティー

ボーイングには「中興の祖」がいる。顧問弁護士出身のウィリアム・アレンである。1945〜1972年に社長・会長を歴任した。

彼の下で、初のジェット旅客機「707」(1957年初飛行)、エンジンを3基積んだ「727」(1963年初飛行)、そして大ベストセラーとなる小型機「737」(1967年初飛行)と、新たなコンセプトの旅客機が次々と世に出る。

プロペラ機が主流だった時代は、カリフォルニア州に本拠を置くダグラス航空機が民間機市場のほとんどを押さえていた。しかし、いち早くジェット機へのシフトに成功したボーイングは、プロペラ機にこだわるダグラスを次第に凌駕《りょうが》し、一時は世界シェアの7割を握るまでになる。

アレンの最大の功績の一つは、一部2階建てで400人超を一度に運べる超大型機「747」の事業化というリスクを取ったことだろう。世界最大の航空会社の一つだったパンアメリカン航空(パンナム)を率いる業界の盟主ファン・トリップに話をつけ、事前の受注を獲得。のちに「ジャンボジェット」と呼ばれる巨人機の開発に社運を賭《と》した。

開発は難航を極めたが、1969年に初飛行にこぎ着けた747は半世紀以上にわたり世界の空で活躍するロングセラー機となった。747の成功により、ボーイングは名実ともに航空機産業のガリバーとしての地位を確立する。ごく限られた人のものだった空の旅は、747の登場とパンナムの拡大路線、航空業界の規制緩和によって大衆に開かれた。

経営コンサルタントのジェームズ・コリンズと、スタンフォード大の経営学者ジェリー・ポラスによるベストセラー『ビジョナリー・カンパニー　時代を超える生存の原則』は、先見性のある企業の代表例として、７４７の開発に挑んだボーイングを挙げている[2]。

１９９４年に原書が出版された同書は、ボーイングの目的について「航空機技術のパイオニアになることだ。大きく、速く、最先端で、性能を向上させた航空機をつくる。航空技術の限界《エンベロープ》を押し広げる」ことだとする。利益がなくてはこれらの目的を追い求めることはできないが、「利益はボーイングが存在している『理由』ではまったくない」と説いた。

ある取締役が７４７の投資収益の見通しについてボーイング幹部に尋ねると、その幹部は、調べはしたが、結果は思い出せないと答えたという。その取締役は「こいつらはプロジェクトの投資収益すら知らないのか」と衝撃のあまりテーブルに突っ伏した。そんなエピソードが、同書では紹介されている。

古き良きエンジニアリング企業

アレンがトップだったとき、ボーイングには役員用のリムジンどころか、航空機メーカーなのにもかかわらず豪華な社用ジェット機もなかった。「航空機メーカーだからこそ、出張のときにも一般の旅客と同様に定期便に搭乗し、自社の製品をもっとよく知る機会にすべきだというのがアレンの基本姿勢だった」。ジャーナリストのクライヴ・アーヴィングは、７４７の開発物語をまとめた著作で、アレン体制下のボーイングをそう評している[3]。１９６０年代半ば、アレンの年収は10万ドルに満たなかったという。

理想を追い求め、技術の限界に挑むことを、利益よりも重んじるエンジニアリング企業。そんな文化が残る時代のボーイングを肌で知る人物と、シアトル郊外で待ち合わせした。

ベテランエンジニアのスタン・ソーシャー。ショッピングモール内の小さなスターバックスでコーヒーをすすりながら、彼は昔話を聞かせてくれた。

細胞核内微粒子の研究で博士号を得て、西部ユタ州のユタ大学で物理学を教えていた。1980年、シアトル移住を機に応募した求人の一つが、ボーイングのエンジニア職だった。航空機の騒音を管理する130人ほどのチームに加わった。

大学で音について専門的に学んできたエンジニアはほとんどいなかった。航空機のランディングギア（着陸装置）について学んできた者も、翼の複合材を研究したことがある者もいない。知らなければ、構造や素材について謙虚に学べばいい。ソーシャーも、社内の多様なチームとともに具体的な課題と格闘するなかで、知識とスキルを蓄えた。

「私が目にしたのは『課題解決文化』にあふれた組織だった。ある問題が目の前にある。私はそれをエンジンのチームに相談に行く。答えを携えて、次は空気力学の部門に行く。ある解決策がほかの分野にどう影響するのか。すり合わせを重ねるうち、問題の本質が見える。大学での研究など比べものにならないほど多くのことを、私はそのプロセスから学んだ」

部門を超えた課題解決は、システムとして根付いていたとソーシャーは言う。たとえば「コーディネーション・シート」と呼ばれる書類だ。ある部門が試験結果や懸念点などをリポートし、関係しうる全グループに回される。受け取った側は、それらを理解したかどうかや、どう自分たちの領域に影響しそうかをコメントする。やりとりを重ねることで信頼関係を深め、一丸となって課題を解決する。そんな組織文化がコーディネーション・シートという制度によってビルトインされていたという。

「エンジニアは社交的でないなんていわれるが、とんでもない。無能だと見なされたり、非協力的だったりする人は軽視されるが、役立つ知見を提供できる人は一目置かれ、他からも協力を得やすくなる。ランチや、子どものサッカーの試合といった非公式な場でも意見が交わされていた」

もう一つ、ソーシャーが思い起こすのは月曜日のミーティングだ。チームの全員が90秒ずつ与えられ、抱えている課題を説明する。解決策を即答できるメンバーがその場にいない場合でも、マネジャーはどの部署から必要な助けを得られるかアドバイスする。マネジャーがその場で電話をかけ、別のチームに助言を求めることもしょっちゅうだった。

「締め切りや予算削減を現場に押しつけるのも、細かいことに口を出すマイクロマネジメントも、マネジャーに期待された役割ではなかった。問題の本質がどこにあるのかを明らかにし、その解決に導くのがボーイングのマネジャーだった」

新型機の開発には、2万件もの課題を乗り越える必要があるといわれる。

「自分の利益にならなくても、品質を高めるためならば協力を惜しまない企業文化があった。私が以前勤めていた大学は極めて賢い人ばかりだったが、ボーイングほどは組織として機能していなかった。物理学に、課題解決のためのそんな仕組みなんてなかったからね」

エンジニア出身CEOのもと変質した企業文化

根っからのエンジニアリング企業だったボーイングは、社内エンジニア出身のフィリップ・コンディットが率いるようになったあたりから、その性格をじわりと変え始める。

18歳でパイロットのライセンスを取るほどの飛行機好きだったというコンディット。ジャンボジェット「747」などのプログラムに携わったほか、マサチューセッツ工科大学のビジネススクールで経営学も修めた。1992年に社長、1996年にCEOとなり、1997年からは会長も兼務した。1997年には東京理科大学から工学博士号を受けており、ボーイングのウェブサイトは「西洋人で初めて当該学位を取得した」と記している。(4)

エンジニア出身ならばものづくり重視の経営をする、というイメージはよくある誤解だ。経営の実務から離れた部門の出身者ほど、ビジネスの論理を純化させて経営にあたるケースが少なくない。

総合電機メーカーのゼネラル・エレクトリック（GE）を率いていたジャック・ウェルチは、エンジニア出身ながら人事や財務に長け、経営理念を語れるビジョナリーとしての評判を確立しつつあった。「万能な経営者」としてあがめられ、CEOたちはウェルチを目指すべきモデルとしていた。ウェルチと親交があったコンディットも例外ではなかった。

自社株に連動したボーナスの導入などが進み、ヒラ社員まで株価や利益に一喜一憂するようになった。ソーシャーは、ボーイング内外で規範が変わっていくのを感じていた。

「ビジネススクールの影響力が増していた。つまりは市場が全てを解決する、という立場の強まりだ。マーケットにはリスクがどの程度かまで踏まえて値付けする能力がある。だから、市場の判断が詰まった株価という数字以外の全てのゴミなど忘れ去るべきだ、と。コンディットら経営トップから順に、そうした考えに染まっていった」

「ドルとセント」に集まる関心、削られる予算

1990年代を通じて運航システム部門にいたという別の元ボーイング社員は、こんな話をした。

「かつてなら職場の最優先の目標は、高品質な飛行機を予定通りのスケジュールで納入し、スムーズな運航を実現させることだった。必要な予算なら、いくらでも使えた。ところが、経営者の関心が『ドルとセント』ばかりになり、開発にかけられる予算や人、時間がじわりと、しかし確実に削られていった」

ただ、1990年代半ばまでは品質を優先させる一定のこだわりは許されていたという。部門を超えた「課題解決文化」の香りが残る時代の集大成が、「トリプルセブン」の愛称で知られる大型機「777」(1994年初飛行)だったと、ソーシャーは言う。

777は、ボーイングの商用機では初めて「フライ・バイ・ワイヤ」を採用した大型旅客機だ。フライ・バイ・ワイヤは、操縦桿やペダルなどの物理的な動きをいったん電気信号に変え、電線(ワイヤ)と電気モーターを通じて方向舵や昇降舵、補助翼などを操作する仕組みで、エアバス

が先行して採り入れていた。

大きなエンジンを4基も積んで燃費がかさんだ「747」に比べ、777はエンジン2基の双発機でありながら、エコノミークラス席を詰め込めば最大500人超の旅客を運べる。誕生から30年がたった今も高く評価される名機で、結果的には商業的にも成功した。

ただ、「コーディネーション」の積み重ねのせいで開発コストがかさんだと、社内の一部では受け止められていた。折しも、冷戦が終わって防衛予算が削られ、防衛部門も厳しい戦いを強いられていた。規制緩和の波が航空業界に及び、空の旅の価格競争が加速しつつあった。より安い機体価格と、生産能力のさらなる拡大、そして燃費性能の向上を求める圧力が強まった。シェアを急伸させる欧州エアバスの足音も、すぐ後ろに迫っていた。

ボーイング経営陣は、社内にまだ残っていた品質最優先の気風、現場の発言力の強さ、そして力のある労働組合といったものに、違和感を強めていく。そんな中でコンディットが飲み込むことを決めた「劇薬」が、その後のボーイングの命運を決することになる。

落ちぶれゆくライバル、転機の合併

決定的な転機が1997年に訪れた。

同じ業界のライバルだったマクドネル・ダグラス（MD）との合併だ。民間機から撤退したロッキードと合わせ、かつてアメリカに3陣営あった大型旅客機メーカーは、このM&A（合併・買収）により、ボーイング1社に集約された。世界の大型旅客機市場をボーイングとエアバスが二分する構図は、このとき固まった。激しく追い上げるエアバスに、アメリカ勢が一丸となって対抗する陣を敷いた、ともいえる。

プロペラ機時代から数々の名機を世に送り出し、ボーイングと長くライバル関係にあったダグラス航空機（カリフォルニア州）は、1967年に軍用機開発が主力のマクドネル航空機（ミズーリ州）と統合してマクドネル・ダグラスとなっていた。ただ、合併後は機体開発への投資には消極的となり、戦闘機「F-15」「F-18」や攻撃ヘリコプター「アパッチ」などで知られる軍用機部門が重んじられるようになった。ダグラスの流れをくむ民間機は、現行機種の改良を繰返してしのいでいた。

1990年代、マクドネル・ダグラスの民間機の主力は、小型のナローボディー機が「MD-90」、大型のワイドボディー機はエンジン3基を積んだ「MD-11」だった。

このうちMD-11は機体後部の垂直尾翼にもエンジンを据え付けた「3発機」独特のフォルムで知られる。ダグラス時代から続く前世代機の「DC-10」を含め、日本航空（JAL）や日本エアシステム（JAS、のちにJALと合併）も導入した。

元になったDC-10は、エンジン4基のボーイング747に対抗して1970年代に生まれた長距離向けの機種で、エンジン3基による効率の良さを売りにしていた。しかし、1974年、トルコ航空のDC-10がパリ郊外で墜落事故を起こして346人が死亡。設計のまずさから、貨物室のドアが吹き飛ばされたことが原因とされた。1979年には墜落などの事故が3件も相次ぎ、計603人が亡くなった。「事故が多い飛行機」とのイメージがつきまとった。

エンジン2基だけで長距離洋上飛行をこなせる大型機ボーイング777が1990年代半ばに

登場したことにより、ＤＣ－10の存在意義はさらに大きく揺らぐ。航空会社も、中途半端な機体を持て余すようになる。

「現代で最も墜落しやすい飛行機」の亡霊

１９９０年に初飛行した後継機のＭＤ－11もまた、マクドネル・ダグラスの没落を体現したような飛行機だった。

水平尾翼の面積を、前世代機のＤＣ－10より３割も小さくした。空気抵抗と重量を減じて、燃費性能を稼ぐためだ。しかし、その代わり機体の縦方向の安定性が損なわれた。空力安定性を補うため、通常の主翼だけでなく尾翼内にまで燃料タンクを設け、燃料を移動させて重心を調整する仕組みを採り入れた。前世代機のＤＣ－10と操縦特性をそろえる狙いもあり、ＬＳＡＳ（Longitudinal Stability Augmentation System：縦安定増強システム）と呼ばれる飛行制御装置を導入。不安定になりがちな機体の姿勢を、コンピューターシステムにより補正する仕組みを盛り込んだ。

この設計思想は、ボーイング７３７ＭＡＸ事故を招いたＭＣＡＳ（Maneuvering Characteristics Augmentation System：操縦特性増強システム）とも通じるものがある。ＭＤ－11は自動操縦システムとのからみで重大な事故が目立った。

日本では１９９７年６月、志摩半島の上空で香港発名古屋行きの日航機が突然、激しく揺さぶられる事故を起こした。客室乗務員１人が亡くなり、乗員乗客13人が重軽傷を負った。自動操縦が手動に切り替わったタイミングでトラブルが生じた。1998年9月にはニューヨーク発ジュネーブ行きのスイス航空機が大西洋に墜落し、229人が亡くなった。

初飛行からわずか10年後の2000年、MD-11は生産を終えた。世に出たのは198機にとどまったが、2000年9月時点で5機が墜落事故などにより「全損」扱いとなっていた。ウォールストリート・ジャーナルは「統計的に言って、現代のあらゆるジェット機のなかで最も墜落しやすい飛行機」と評した(5)。

生産終了後も事故は積み上がる。2009年にはフェデラルエクスプレス(フェデックス)の貨物機となっていたMD-11が、成田空港着陸時にバランスを崩して横転・炎上し、パイロット2人が亡くなった。1978年の成田開港以来、初の航空死亡事故だった。

ウェブサイト「航空安全ネットワーク」のデータベースによると、MD-11は2023年時点で全機体の5%、計10機が事故などにより全損に至っている。ボーイングやエアバスのライバル機に比べ段違いに危うい飛行機を世に送り出したマクドネル・ダグラスの経営陣と組織は、丸ごと新生ボーイングへと引き継がれることになる。

追い詰められたマクドネル・ダグラス

合併前のマクドネル・ダグラスは、新たな技術や旅客機の開発がほとんどなされないまま、既存機種の焼き直しを重ねていた。世界市場でのシェアはボーイング(60%)と、急成長していたエアバス(35%)のはざまで、5%ほどにまで低下していた。

防衛部門も見通しは暗かった。ベルリンの壁が崩れて国防予算が削られ、冷戦下に水ぶくれしていた業界は大再編を迫られていた。共和党のジョージ・ブッシュ（父）から民主党ビル・クリントンへと政権が代わったばかりの1993年。業界トップらを集めた夕食会で、当時の国防副長官ウィリアム・ペリーは言い放った。

「夕食会には我々が必要とする倍の企業が参加しており、5年以内に会社の数は半分になる」

業界で「最後の晩餐」（Last Supper）として語り継がれる会合だ。これを号砲に、合従連衡が加速する。マクドネル・ダグラスも例外ではいられなかった。空軍向けの長距離輸送機「C-17」の受注は激減した。頼みの綱は米軍などの「統合打撃戦闘機」プロジェクトだったが、そのコンペからも脱落した。ボーイングとの合併を決めたのは、コンペ脱落が決まった翌月の1996年12月だった。

ボーイングは民間機部門では圧倒的なシェアを握っていたが、防衛部門ではロッキード・マーティン（前出のロッキードと、マーティン・マリエッタの合併により誕生）などの後塵を拝していた。民間機はビジネスの規模は巨大だが、景気の浮き沈みや感染症の流行、テロなどの事件の影響を受けやすい。冷戦期ほどではないにしても、政府から一定の受注を見込める防衛部門を拡大すれば経営の安定度を高められる。

民間機では見るべきものがないマクドネル・ダグラスを、ボーイングが買収する利点はそこにあった。実際、それから約20年後、737MAX事故や新型コロナで危機に陥った経営を支え続けたのは、防衛部門の底堅さだった。

エアバスとの競争は残るとしても、アメリカ国内の中・大型旅客機メーカーが1社だけになってしまう大型のM&Aである。競争政策を担う当局が問題視してもおかしくないが、少なくともアメリカでは大きな障害にはならなかった。

反トラスト法（独占禁止法）に触れないか審査していた連邦取引委員会（FTC）は1997年7月、合併にゴーサインを出す。FTC委員長らによる声明は「もはやマクドネル・ダグラスには、民間機市場で戦える競争力も、独立した企業あるいは他の企業の一部として存続できる現実的な戦略も残っていない」と断じた。(6)

「（委員会の）調査で明らかになったのは、民間航空機の技術や効率の向上を怠った結果、大多数の航空会社がダグラスの購入を検討しなくなっており、もはや民間航空機市場の競争力学に実質的な影響を与えるような立場ではなくなったことだ。それほど、ダグラスの製品ラインが劣化してしまったということだ」

高値で売られた「ボロボロの会社」

そんな酷評をされるのは、普通なら屈辱でしかない。しかし、マクドネル・ダグラス経営陣は、合併に「待った」がかからなかったことを歓迎した。創業家から招かれてマクドネル・ダグラスを率いていたCEOのハリー・ストーンサイファーは、最終利益と株価をとことん追求するやり手として知られていた。1994年にCEOに就任した直後、配当を一気に71%も増やすとともに、発行済み株式の15%分にのぼる自社株買いの枠を設けると決め、ウォール街を歓喜させた。(7)

ただ、単独での生き残りが厳しいことはわかっていたようだ。当初からボーイングとの統合を出口として探っていたのだと、合併話がまとまった段階で明らかにしている。

将来の展望を失ったマクドネル・ダグラスは1997年8月1日、163億ドルの値付けでボーイングに売られた。惨《みじ》めな救済合併のはずが、業界ではむしろ「ボロボロだった会社を、高値で売りつけるのに成功した」と受け止められた。


この合併では、買われる企業の株主に、現金ではなく買う側の会社の株式を与える「株式交換」という手法が使われた。マクドネル・ダグラスの株主には同社株1株に対してボーイング株1・3株が割り当てられた(8)。

マクドネル創業者の息子で、マクドネル・ダグラス会長の座に納まっていたジョン・マクドネルと、ストーンサイファーは、ともにマクドネル・ダグラスの大株主だった。株式交換によって大量のボーイング株を割り当てられた二人は、新生ボーイングにとっても、それぞれ1位と2位の個人大株主として影響力を持つようになる。

ストーンサイファーはボーイングとの交渉で、高い買収額のほか、ジョン・マクドネルらマクドネル・ダグラス出身者の取締役ポストの確保、彼自身の処遇の保証、そして新社名を「ボーイング・マクドネル」とすることなどを要求したという。かなえられなかったのは社名だけだった(9)。

「羊によるオオカミの買収」

地球の周りをロケットと飛行機の翼が飛ぶイメージのマクドネル・ダグラスの企業ロゴは、新生ボーイングにも引き継がれて今に至る。ロゴが象徴するように、旧マクドネル・ダグラスの経営陣は、新生ボーイングの「母屋」を実質的に乗っ取ってゆく。

新会社の取締役12人のうち、マクドネル・ダグラス出身者が占めたのは4席。ストーンサイファーとマクドネルのほかには、レーガン政権で大統領首席補佐官を務めた大物ロビイスト、ケネス・デュバースタインと、投資業界出身のジョン・ビッグスが名を連ねた。その人選は、シアトルに根ざしたものづくり企業の色合いがまだ濃かったボーイングが、首都ワシントンや金融業界とのかかわりを重んじていく将来を暗示していた。

失敗企業の経営者だったはずのストーンサイファーは、合併後のボーイング社長兼最高執行責任者（COO）に納まった。会長兼CEOに昇格していたフィリップ・コンディットと二人三脚でボーイングの「改革」に乗り出す。

「会社はファミリーではない、チームだ」

ストーンサイファーが打ち出したお触れが社内に回された。文字どおり親子2代、あるいは3代にわたるボーイング社員も大勢いるなか、職場で当然のように使われていた「ファミリー」という言葉は、しだいにタブー視されるようになる。

合併があった1997年、ディールをまとめたストーンサイファーは、マクドネル・ダグラスとボーイングの両社から合わせて1570万ドル（約19億円）相当の現金と株式を得ていた。同じ年、彼の「上司」であるはずのコンディットが受け取った報酬は、その10分の1の150・4万ドル（約1・8億円）にとどまったという(10)。

ボーイングは無理な増産の結果、サプライチェーンや生産現場が混乱し、1997年にほぼ半世紀ぶりの赤字を計上していた。そこにアジア通貨危機が直撃。経営の根本的な立て直しを迫られていたタイミングでもあった。

ウィリアム・ボーイングがレッド・バーンで創業して以来、より高品質で信頼性が高く、より速く、より快適で、より多くの人や荷物を運べる航空機をつくることに心血を注いできたボーイング。エンジニア優位で家族主義的な気風もかろうじて残していた企業文化がマクドネル・ダグラス流に染まるまで、さほど時間はかからなかった。

「羊によるオオカミの買収」

「ボーイスカウトたちが暗殺者に乗っ取られた」

「マクドネルが、ボーイングのカネでボーイングを買収した」

ヘビが鹿を食うかのごとく「小」が「大」をのみ込んだ買収劇を、人々はさまざまに揶揄《やゆ》した。

敵視されてゆく現場、立ち上がるエンジニア

1960年代後半、中国建国の父・毛沢東が仕掛けた政治闘争「プロレタリア文化大革命」で、毛の対抗勢力は中国革命の完成を阻む守旧派として徹底批判にさらされた。思想や文化、芸術、慣習を含むあらゆる「古い価値観」が否定の対象となった。知識人は迫害され、寺院など文化財も破壊された。ボーイングで起きた企業文化の急転換は、文革になぞらえて「**シアトルの文化大革命**」とも表現されるようになる。

合併から1年あまり後の1998年末、地元紙シアトル・タイムズはボーイングの内情を伝える記事を載せた。ウォールストリート・ジャーナルなどで航空宇宙産業の取材を重ねてきた専門

記者ジェフ・コール（のちに航空機事故で死去）の筆によるものだ。「ボーイングの文化大革命」と題する記事は、コンディットやストーンサイファーの生の言葉を引いて社内の激変を次のように描いた。(11)

アジア地域の経済の冷え込みは、アジアでの存在感が薄いエアバスよりも、ボーイングに打撃を与えている。アジアからの注文は激減しており、その対策として、ボーイングは先月、今後2年間で23万8千人の従業員のうち4万8千人を削減すると発表した。

工場やオフィスには不安が渦巻いており、それはボーイングの歴史の中でほかに例を見ないほどだ。「それがまさに現実なのだ」とコンディットは言った。「それは変化するにあたっての根本的なチャレンジだ。そもそも、変化は不安を引き起こすものだ」

一方、ストーンサイファーは、ずばり言う。「つまり、私たちはずっと同じままでいてはならないのだ。それがすべての緊張を引き起こす原因になっている」

役員を入れ替えたことについてコンディットは「スポーツのアナロジーに陥ることは避けたいのだが、チームをつくろうとするときには、適切なプレーヤーの組み合わせをフィールドに立たせようとするはずだ。それが今私たちのやろうとしていることだ」と語った。

ストーンサイファーは本当に当惑したように問う。「なぜそれがトラウマになるのか？　それは単なる変化だ。組織を変えるときはいつだって、勝者と敗者がいるのだ」

物議を醸しているボーイングの社長（ストーンサイファー）に対しては、その脅迫的な物言いのせいで、ボーイングの古参たちが疑念を抱いている。しかし、彼にとってそんなことは根本的な問題ではまったくない。

ストーンサイファーは、やや厳しい口調で断言する。

「もし私たちがもっと良い計画を立てなかったら、この会社は別の人物によって経営されるだろう。今の会社のパフォーマンスは受け入れることができない。投資家、取締役会、そして私にとっても受け入れられない」

長年にわたりボーイングの経営を担ってきた多くの人々からは、ストーンサイファーはマクドネル・ダグラス時代のやり方を蘇らせていると受け止められている。そして彼の攻撃的な行いは、非難の的となっている。たとえば、ボーイングの文化的な弱点が「傲慢さ」であると公言するようなたぐいの言動のことだ。

ストーンサイファーは、あきれたように言う。「民間機部門のとんでもなく多くの人々が、自分たちには問題がないと信じているという事実こそが、私をいつまでも苛立たせるのだ」

「ファミリー」の一員として価値を生み出してきた働き手へのリスペクトは消えかけていた。それどころか、従業員は対処すべき「問題」として扱われたことが、とりわけストーンサイファーの言葉からうかがえる。

労働組合がストライキを繰り返した生産現場の機械工らに対しては、合併よりもはるか前から経営側は警戒心を持っていた。しかし、業界の「ベスト&ブライテスト」として尊敬を集めていたエンジニアまで、「金食い虫」として待遇切り下げやリストラの対象となった。

2000年2月、シアトル圏のエンジニアら約1万7千人が40日間ものストライキに突入した。

ストを動員した航空宇宙専門技術者労働組合（ＳＰＥＥＡ）は長く、経営側に親和的で「弱虫」扱いすらされていた。しかし、穏健なＳＰＥＥＡですら、プライドを傷つけられる扱いに耐えかねたのだった。

「自らが得るに値すると信じている尊厳のために、ストに繰り出している。俺たちが設計しているものこそ未来のボーイングだ。目先の利益への貢献は小さくなってしまったかもしれない。でも、ボーイングが将来も生き残れるかどうかのカギを、俺たちは握っている」

ストに加わった勤続23年の技術者ジム・マシスはロサンゼルス・タイムズにそう語った[12]。ホワイトカラーが蜂起したストとしては、これがアメリカで史上最大規模となった。

ストの結果、組合側は賃上げや医療保険料の会社負担など、幾ばくかの「実」を勝ち取りはした。しかし、煮え湯を飲まされたコンディットら経営陣は、シアトルの本社や工場に陣取る働き手たちへの警戒心をさらに強めたに違いない。

シアトルを大混乱に陥れ、世界を驚愕させる「次の手」が、ひそかに練られ始めた。

第五章

軽んじられた故郷、予見された「悪夢」

ANAが運航する「787ドリームライナー」。ボーイングの経営が変質したことを象徴する機種となった（著者撮影）

「もはや金属加工業ではない」コンディットの夢想

東京から直行便も飛ぶシアトル・タコマ国際空港からシアトルのダウンタウンに向かうには、針葉樹の丘を縫うように走る州間ハイウェー「I－5」を北上することになる。車を走らせていると、高速道路と並行するように敷かれた滑走路が左手に見えてくる。キング郡国際空港、通称「ボーイング・フィールド」。1967年に初代の737型機が初飛行を遂げるなど、ボーイングにとっては特別な場所だ。

創業者ウィリアム・ボーイングが飛行機づくりを始めた「レッド・バーン」がもともと建っていた場所の近くに整備された飛行場で、航空機の試験や納入に使われる。レッド・バーン自体もここに移築され、航空博物館の一部として公開されている。

ボーイングの首脳陣は長く、この創業の地に建つビルに執務室を置いていた。

記者たちがボーイング・フィールドに集められたのは、2001年3月21日朝のことだった。「極めて重要なイベントがあるから来てほしい」。前日夕に案内があり、当時は雑誌記者だったドミニク・ゲイツも駆けつけた。

ゲイツはかつて、故郷北アイルランドで高校の数学教師をしていた。政府のプロジェクトでアフリカに3年間派遣されていたとき、アメリカ出身の女性ジャーナリストに出会う。任期後もアイルランドには帰らず、彼女とともにシアトルに移住した。「結構ロマンチックなストーリーでね」。数学教師のキャリアは捨て、物書きの仕事をゼロから覚えていった。

1990年代末に一世を風靡したサンフランシスコのニューエコノミー雑誌「ジ・インダストリー・スタンダード」。その編集部に、ゲイツはシアトル駐在記者として採用された。主な役割はシアトル近くに本社があるマイクロソフトのカバーだったが、ゲイツはそのころ、ボーイングの大型特集にかかりきりだった。

企画には、ボーイングが全面的に協力していた。ゲイツにはPR担当者があてがわれ、シアトルの工場群はもちろん、旧ダグラスが拠点を置いたカリフォルニア州、旧マクドネルのミズーリ州など全米の拠点を案内してもらった。会長兼CEOだったフィリップ・コンディットの単独インタビューもセットされた。ゲイツが数年後、シアトル・タイムズで航空宇宙記者のポジションを得られたのは、この特集の経験を買われたからだった。

新興雑誌で、しかもテック系が中心のスタンダード誌の特集にボーイングが乗り気だったのはなぜか。ゲイツは、コンディットへのインタビューから狙いをかぎとった。

「ボーイングは、もはや単なる金属加工業ではなくなるのだ、とコンディットは語っていた。市場や世間からアップルやマイクロソフトなどと並ぶ存在として、洗練されたハイテク企業のイメージで見られることを望んでいた。その変革をリードする経営者として、自身がスタンダード誌に大きく取り上げられることを、彼は心待ちにしていた」

その特集記事の執筆をいったん中断し、朝早くからボーイング・フィールドに詰めていたゲイツ。待っていたのは仰天のニュースだった。

電撃の本社移転「戦略的な判断」

本社をシアトルから移す、というのだ。創業者ウィリアム・ボーイングがレッド・バーンを社屋にして以来、85年間にわたりシアトルに置き続けてきた本社を。コンディットは、首都ワシントンで記者会見を開き、やりとりがシアトルに中継された。「金属加工業」の集積地シアトルを、もはや特別扱いすることはないというメッセージと受け止められた。

本社移転は「戦略的な判断だ」という。移転先はグローバル市場や、全米に散らばるボーイングの主要拠点にアクセスしやすく、ビジネス環境も優れた都市だと説明した。候補としてイリノイ州シカゴ、コロラド州デンバー、テキサス州ダラス・フォートワースの3カ所を挙げた。

あえて複数の候補を示すことで、地元政府に補助金などのインセンティブを競わせ、有利な条件を得る狙いもあったに違いない。これに味を占めたのだろう。以後、ボーイングは新たなプロジェクトを立ち上げるたび、複数の候補地を競わせるのが当たり前になる。

737MAXもそうだった。現行機種「737NG」をつくる工場がシアトル近郊のレントンに存在し、サプライチェーンや人材確保の点で、現実的にはそれ以外に選択肢がなかったとしても、である。可能性として「出ていく」ことをにおわせるだけで、労働組合や地元政府に対して交渉上優位に立てると踏んでいた。

こうした振る舞いは他のアメリカ企業にも伝染する。やはりシアトルに本社を置くアマゾン・

ドット・コムの当時のCEO、ジェフ・ベゾスは2017年、シアトルと同等の「第二本社」を北米のどこかに置くと宣言し、公募を始めた。乗り遅れるなとばかりに、200を超える都市がインセンティブ案を競わされた。「アマゾンの名を冠した市を新たにつくり、ベゾスを市長にする」といった荒唐無稽な提案まで飛び出した。

結局、アマゾンが選んだのはニューヨークのクイーンズ地区と、首都ワシントンに隣接するバージニア州アーリントン。鳴り物入りで公募した割には、あまりに無難な結果だった。ただ、各都市を天秤にかける振る舞いは世から疎まれた。「労働者の街」クイーンズでは反対運動が燃えさかり、ニューヨークからは追い出されてしまった。

ボーイングが2001年に打ち出した本社移転計画に対しては、シアトル市長や労働組合などがこぞって反対声明を出した。むろん、そうした声など顧みられるはずもない。

「ミステリー・フライト」の行き先は

誘致合戦は2カ月ほど続いた。移転先の発表もまた、芝居じみたものだった。

2001年5月10日朝、コンディットらを乗せたボーイング737が、行き先を明らかにしない「ミステリー・フライト」に向けて晴天のシアトルを飛び立った。乗員は三つの飛行プランを準備させられていた。シカゴ、デンバー、そしてダラス・フォートワース行きの各ルートだ。

「最終的な決断をした。我々は、これからシカゴへ向かう」。コンディットが機内で発した宣言が、世界にアナウンスされた。機体はシカゴに向け、東へとルートを進んだ。移転の狙いが、声明文には極めてシンプルに記されていた。

「株主価値に集中する新しいスリムな企業中枢をつくりあげる」

午後2時ごろ、シカゴのミッドウェイ国際空港に社用機が着陸した。エンジンの轟音が鳴り響く空港で開かれた緊急記者会見で、コンディットは言った(1)。

「私たちはシアトルを離れたかったわけではなく、より大きく、より能力のあるボーイングを作りたかったためにここにいる。難しい決断であったことは認めよう。しかし、最終的には私が決断した」

ただ、他の発言をたどってみると、彼は進んで「シアトルを離れたかった」のではないかという疑問がぬぐえない。「主要な事業の近くに本社が位置している場合、日々のビジネスの運営に巻き込まれるのが避けられない」とすら語ったことがあるからだ。現場から物理的に離れることにより、雑事に惑わされない大局的な判断ができる、という理屈である。

主力工場が立ち並び、7万人以上の社員が働く創業の地から、商品先物取引など金融の街として発展し、投資家にも近い中西部の巨大都市へ——。深い縁もゆかりもない場所に本社を置いたことにより、ボーイングの経営陣は、主に工場を基盤とする労働組合の圧力や、「日々のビジネスの運営」から逃れやすくなった。

シカゴ中心部に位置する、36階建てのオフィスビル「100 North Riverside Plaza」。重要な判断は500人ほどの幹部しかいない飛び地から下されるようになった。合併に端を発した「文化大革命」は、物理的にも地理的にも実践・強化されてゆく。

その間にも、様々な企業内倫理の劣化が明らかになる。防衛部門では贈収賄疑惑が浮上し、責任を取ってコンディットは2003年に退任した。後任のCEOにはストーンサイファーが昇格した。彼の言葉をシカゴ・トリビューンが記録している(2)。

「私はボーイングの文化を変えたと言われるが、それはまさに意図したものだ。そうして、偉大なエンジニアリング企業というよりも、ビジネスとして会社が営まれるようになったのだ。ボーイングは素晴らしいエンジニアリング会社ではあるが、人々がなぜ会社に投資するかというと、それはお金を儲けたいからだ」

ストーンサイファーはCEO就任から2年も経たない2005年、女性幹部との不倫疑惑が表沙汰になり、その座を追われることになる。

「航空機もスニーカーも携帯電話も同じ」

物理学者からボーイングのエンジニアに転じたスタン・ソーシャーは、会社の変質に危機感を覚え、航空宇宙専門技術者労働組合(SPEEA)に加わった。2000年の大規模ストでは会社との交渉役を担い、その後、専従の組合幹部に就いた。

彼は、経営への影響を強めていたウォール街に着目した。経営陣が最も気にするのは株価、つまり投資家からの評判で、それを形づくるのはウォール街のアナリストたちだったからだ。アナリストらと意見交換を重ねることで、その思考様式を理解し、彼らに働きかけようともした。

アナリストの多くは、飛行機づくりを組み立て玩具の「レゴブロック」のように考え、サプライチェーンの集合体としかみていなかった。市場で競争させて安く部品を仕入れ、組み立てればよい。能力を欠くサプライヤーは、市場から退場させれば済む、と。

問題を解決するために社内外の関係者が調整を重ねる「コーディネーション」の価値を力説するソーシャーに、大手証券会社のアナリストは問うた。

「そのコーディネーションとやらのために、ミーティングには何人ぐらいが出席するのか」

「場合によるが、エンジンに関係する問題なら40人ぐらいだ」

「なぜ40人も必要なのか。同じく航空エンジンを扱うGE（ゼネラル・エレクトリック）の倍はいるのではないか。20人ではダメなのか。コーディネーションは社内ではなく、市場にさせればいい」

「重要部品のサプライヤーは1社か2社、せいぜい3社だ。全てを市場原理に任せ、満足いかなければつぶせばいい、という単純な問題ではない」

「あなたがコーディネーションという言葉を口にするたび、私の頭に浮かぶ単語がある。それは『コスト』だ」

「コーディネーションはコストなどではない。必要条件（requirement）だ。おびただしい数の問題を解決するのに、すり合わせの積み重ねがなければ航空機は機能しない」

ソーシャーは航空機開発者としての経験を踏まえ「複雑な機構を備え、人命がかかった航空機は、部品を集めれば済むパソコンや家電とは違う」と訴えて回ったが、その論理が聞き入れられることはほとんどなかった。忘れられないアナリストの言葉がある。

「だれもが、自分のところだけは特別だと思い込んでいる。現実には、だれも特別ではない。ランニングシューズも女性向け衣料も、携帯電話も集積回路（IC）も、製造業はどれも同じ原理で動かせる。むろん、君たちの航空機産業もね」

マクドネル・ダグラスの手法を再現するように、ボーイングは大胆に人を削り始める。合併時に24万人いた従業員は、8年後には15万人まで減った。投資は抑え込まれ、開発や生産も下請けへ、さらにその下請けへ、そして海外へとアウトソース（外注）されていく。

「アナリストの指摘通り、携帯電話や衣料品で起きたことが、ボーイングにも起きつつあった」

とソーシャーは述懐する。

「社内はまるで、コスト削減や経営効率化の手法としてビジネススクールがもてはやす概念の実験場のようだった」

「夢の飛行機」という名の悪夢

ボーイングが断行した「企業文化の一新」は、本当に経営の効率化につながったのだろうか。最初のつまずきは中型機「787」であらわになった。

エアバスは総2階建ての超大型機「A380」（標準的な構成で545席）の開発を進めていた。ボーイングはまず速さでこれに対抗しようとし、音速近くで飛ぶ中型機「ソニック・クルーザー」の構想が浮上した。しかし、2001年9月11日の同時多発テロ事件も向かい風となり、計画断念に追い込まれた。代わりに着手したのが経済性に重きを置く中型機「7E7」、のちに「787」と名付けられる次世代機の開発だった。

「ドリームライナー」（夢の飛行機）として知られる787のコンセプトには、確かに先見の明があった。大規模ハブ空港間を結び、４基のエンジンで大勢の客を運ぶエアバスＡ３８０は、運航する体力のある航空会社も、採算がとれる路線も限られた。２００７年に運航が始まったＡ３８０は結局、14社向けに計２５１機を受注したにとどまり、２０２１年に生産を終えた。(3) ビジネスとしては、かなり厳しい結果となった。

これに対し、高性能エンジン２基で推力を得る７８７は燃費性能に優れていた。航続距離は従来機に比べ５割も延びた。２４８～３３６席と手頃な大きさで、需要に応じて便数を柔軟に調整できる。大型機では採算が合わない遠方の中規模都市とも直接結べるようになった。初号機を受け取る全日本空輸（ＡＮＡ）をはじめ、航空会社からの引き合いは強かった。

炭素繊維をプラスチックで固めた東レ製の「炭素複合材」を全体重量の半分に使い、従来のアルミ合金に比べて機体を圧倒的に軽くできたのが７８７の特長だ。炭素複合材は金属より強く、水分で腐食しづらいことから、機内の気圧と湿度を地上に近いレベルに保てる。座席の窓も大きく取ることができ、快適性は格段に高まった。

２０１２年６月に７８７に初めて搭乗した時のことを、私もよく覚えている。日本航空（ＪＡＬ）がその年の４月、７８７を使った最初の路線として就航させたばかりのボストン―成田便だった。ボストン近郊で１年間の研究員生活を終え、帰国する際に乗った。なめらかな曲線で構成された美しい機体に、まずは見入った。直行便で時間のロスなく帰国できたことがありがたく、従来の飛行機に比べて静かで、快適な機内にも感嘆した。

ニューヨークやロサンゼルスといった大都市ならまだしも、ボストン程度の中規模都市に直行便を飛ばせるようになったのは、７８７という機体のおかげだった。日米各社はサンディエゴやシアトル、デンバーといった中規模都市と日本を結ぶ直行便を相次ぎ設けた。新技術で市場を切り開くイノベーティブな飛行機。それが787のはずだった。

しかし、ビジネスとして捉えると、まったく別の風景が見えてくる。「ドリームライナー」という愛称とは裏腹に、ボーイングの「悪夢」と化していた。コストを4割も削りながら開発スピードを速めるためとして、従来機では3～5割に抑えていたアウトソースの比率を7割まで高めた戦略が、コストでもスピードでも逆に災いをもたらしていた。

3年遅れのハイテク機

航空機開発には兆円単位の巨費がかかり、見切り発車のリスクは極めて大きい。開発段階からまとまった規模で発注し、計画立ち上げ（ローンチ）の後ろ盾となってくれる航空会社を「ローンチカスタマー」と呼ぶ。787のローンチカスタマーはANAだった。

ANAは2008年の北京五輪向けに787を使い始める予定だった。しかし、部品供給網の混乱や設計変更、試験飛行で煙が発生するなどのトラブルが続発し、初納入が当初の予定から3年も遅れた。新型機の納入は、たとえ数カ月の遅れであっても運航計画への影響が大きい。3年の遅れというのは、ボーイングではほとんど前例がなかった。北京五輪に間に合わなかったどころか、次のロンドン五輪が翌年に迫っていた。

787の混乱に対処するために社内のリソースが費やされたことは、ボーイングが次世代小型機をめぐって白紙からの新型機開発をあきらめ、現世代機である737NGのエンジン付け替えでしのごうとした事情の一つでもあった。

787の開発コストは当初見込んでいた50億ドル規模から6倍以上に膨らんで損益分岐点がつり上がり、回収不能に近いレベルに達していた。テック系雑誌から地元紙シアトル・タイムズに転職していたドミニク・ゲイツは、787をめぐる一連の混乱も取材した。

「金属加工業からハイテク企業の仲間入りをめざした（元CEOの）コンディットは、付加価値が高く利益が見込めるとして、『食物連鎖の頂点』だけに集中しようとしていた。非常にハイレベルなデザインと、組み立ての最終段階だけをボーイングが独占的に手がける。食物連鎖の下に位置する部品やシステムづくりは、すべて他の国や会社、人間に、できるだけ安い値段でアウトソースすればいいという考え方だ。それを初めて実践した大がかりなプログラムが787だった。しかし、結果は目も当てられない無残なものだった」

アウトソースという名の丸投げ

787開発の実態とは、どのようなものだったのか。重要機器の開発に関わったエンジニアが、取材に応じてくれるという。ボーイング社員として1980年代から機体の運航システムなどを手がけていたピーター・レミーと、シアトル郊外の図書館で待ち合わせた。

彼はマクドネル・ダグラスと統合した1997年にボーイングを退職していた。コンディット体制のもとで、すでに劇的な人減らしが進んでいたという。

「信じられるか？　ボーイングは何年にもわたって、私たちの部署でたった1人の新人も採用しなかったんだ。たったの1人も、だ。仕事はそこに同じようにあるのに、それを担う仲間がどんどん少なくなり、チームが縮んでいくのを私は目の当たりにした」

レミーは退職後、ボーイングに電子機器を供給するサプライヤーに職を得た。そのサプライヤーは、開発中だったボーイング787向けに中核的な電子機器を納入することになっていた。レミーもそのチームに加わった。ちょうど同じ時期、欧州エアバスからも、超大型機A380向けに同じ電子機器の開発を請け負っていた。「守秘義務があるので詳しくは話せない」としつつ、レミーはある逸話を明かしてくれた。

機器をどう設計し、どんな性能・機能をもたせるか。エアバスは細部にわたる膨大な説明を用意していた。書類を積み重ねたところ1メートル近い厚さがあった。一方、古巣のボーイング。「当社の代わりに、どんな機能と設計が必要か、どうやって製造すればいいのかを考え、書類もすべて整えてほしい」とレミーらに丸投げしてきた、という。

しかも、安全に直結する重要機器なのにもかかわらず、ボーイングがつけてきた担当者は、たった1人だった。レミーが知る以前のボーイングなら、その電子機器のためにエンジニアが20～40人はかかわっていたはずだという。

「安全にかかわる責任やコスト、そしてリスクが、サプライヤーに押しつけられようとしていた。偶然に起きたのではない。開発費を浮かせて利益をかさ上げするための、ボーイング経営陣による明らかに意図的な転換だった。しかし、そこには大きな落とし穴があった。プロジェクトの全体を見渡す統合（integration）や調整（coordination）の欠如だ」

「メイド・ウィズ・ジャパン」の裏事情

レミーが手がけていた機器は、独立して機能するわけではない。上位のシステムの中にどう位置づけるのか、ほかの機器との相性はどうなのかを確かめなければならない。レミーによれば、以前ならシステム全体を知悉《ちしつ》する部署と責任者が存在した。実際に人々が顔を合わせながら、複数のシステムや部品の間の「統合」と「調整」が重ねられていたという。

しかし、787の開発では、システムの統合にかかわる仕事まで外注されてしまっていた。司令塔となる部署や人物の役割がはっきりしないまま、互いに競争関係にある多国籍のサプライヤーに、仕事の多くが任された。

そんな環境で、日々の綿密なすり合わせなど望むべくもなかった。なにか問題が起きると、最終的にはボーイング自身が解決に乗り出す必要が生じた。かえって手間と時間、そしてコストがかかるようになった。混乱に次ぐ混乱だったと、レミーは述懐する。

「かつてのボーイングでは、とりわけチーフエンジニアにとって、新型機は自分が産んだ赤子のようなものだった。細部を知り尽くし、どこを妥協したのかを把握していた。そうした存在が薄れ、なんでも外注に頼ろうとしたことで、ボーイングはプロジェクト全体を見渡す能力を失いつつあった」

787の生産では、エンジンを除けば飛行機で最も重要性の高い主翼の製造を、三菱重工業が請け負った。同社の名古屋航空宇宙システム製作所大江工場で組み立てられた主翼は、中部国際空港へ運ばれ、そこから「ドリームリフター」と呼ばれる専用貨物機でシアトル郊外にあるボーイングのエバレット工場へ空輸される。

川崎重工業や富士重工業（現スバル）なども含めた日本メーカーが、翼や胴体など重要部分を中心に機体構造の計35％ものシェアを担った。日本の航空機産業は787を「準国産機」「メイド・ウィズ・ジャパン」と呼んで大歓迎した。

日本重視の787の生産体制は、ボーイングがアグレッシブに推し進めた外注戦略の産物であった。ローンチカスタマーのANAと、それに準じた機数を発注するJALという日本の航空大手2社へのセールスに、一段と弾みをつける皮算用もあったとみられる。

787でアウトソースをしすぎた反省からか、ボーイングはその後開発を進めた大型機「777X」では、主翼を三菱重工業などの日本メーカーに託すことはなかった。

黒こげのバッテリー、失墜した信頼

「統合」と「調整」の欠如は、納入の遅れやコスト膨張にとどまらない厄災をもたらした。787が2011年に運航を開始した後、日米で相次いだバッテリー発火事故である。

2013年1月7日、ボストン・ローガン国際空港に駐機していたJAL機内でリチウムイオン電池が発火するトラブルが起きた。電池内部のショートがセルの「熱暴走」を招き、可燃物がバッテリーケースの外部に漏れて火がついた。

その9日後の1月16日には、山口宇部発羽田行きのANA便が、高松空港に緊急着陸する事態となった。飛行中に機内で煙が出た。炭化して黒こげになった787のリチウムイオン電池の写真が、世界に配信された。

機内での発火は想定しうる最悪の事態の一つである。二つのトラブルでは深刻な人的被害はなかったものの、緊急着陸できる空港が近くにない太平洋上を飛行中だったら、とんでもない大惨事になっていたかもしれない。

日米の航空当局は航空会社に納入済みだった全50機の運航を禁じた。アメリカ連邦航空局（FAA）が世界の全機を運航停止にしたのは、墜落事故を受けて旧マクドネル・ダグラスの「DC-10」の運航を止めた1979年以来のことだった(4)。

ハイテク機787は電気を食う飛行機だった。長く使われてきたニッカド電池では容量を大きくすると重くなるため、軽量小型で大容量のリチウムイオン電池を旅客機で初めて採用した。ただ、リチウムイオン電池は発熱・発火しやすい。ノートパソコンや電気自動車であっても設計や製造に細心の注意が要る。航空機ならハードルは格段に高まる。

このトラブルの前にも、南西部アリゾナ州にある787向け充電器のサプライヤー施設で2006年、リチウムイオン電池の充電試験中に、建屋全焼に至る爆発事故が起きていた。現場に居合わせた作業員がドキュメンタリー番組に語ったところでは、戦闘機のアフターバーナーのように電池から炎が噴き出したという。

787の電源供給システムには、日本のジーエス・ユアサコーポレーションを中心に、複数国の何社もが関わっていた。システム全体の設計に不備があったことが発火の根本的な要因とされた。バッテリーの安全性の検証が不十分なまま、FAAが型式証明を出していたことも、アメリカ国家運輸安全委員会（NTSB）の調査で浮かび上がった[5]。華々しくデビューしたハイテク機への信頼は、またたく間に失墜した。

失敗は予見されていた

アウトソース頼みの危うさを、明確に予言していた人物がいる。航空コンサルタントでも、大学教授でも、ジャーナリストでもない。社内にいたエンジニアだった。

787プログラムの正式スタートから3年ほどさかのぼる2001年2月。旧マクドネル・ダグラスの本拠地、ミズーリ州セントルイスで開かれたボーイングのシンポジウムで、旧ダグラス出身の工学博士L・J・ハートスミスが一本のペーパーを発表した[6]。

「アウトソースされた利益」と題する文章は、ボーイングがその後たどる道を、タイムマシンで将来を見てきたかのように克明に描き出していた。

彼はまず「企業活動の多くをアウトソースすることで収益性を高めることができる、と考えるビジネス慣行」が必ずしも正しくないと核心を突いた。利益が増えないだけでなく、最悪のケースではビジネスを続けられなくなるリスクを背負い込むと警告していた。

引き合いに出したのは、自らが以前所属していたマクドネル・ダグラスの旅客機「DC－10」の経験だった。開発・製造をアウトソースに依存した結果、仕事だけでなく利益もそれ以上にサプライヤー側に流出してしまった、という診断だ。

発注元の航空機メーカーは、利益の上限は航空会社への販売価格で固定されているのに、コストの超過分はすべてかぶらなければならず、リスクが大きい。サプライヤーに問題が生じた場合、航空機メーカーは品質や進捗《しんちょく》の管理にとどまらず、技術支援などの負担も背負い込む。でなければ、航空機メーカーは、ボトルネックとなる「最も能力の低いサプライヤー」を超えたものは決してつくれないと訴えた。

サプライチェーンの管理・調整にかかるコストは「仕事が見えなくなったからといって、消えたわけではない」とし、安易なアウトソースを戒めた。

ハートスミスはまた、DC－10よりも前世代の「DC－8」（1958年初飛行）では外注に頼らなかった旧ダグラスが、1967年に旧マクドネルと統合したことでアウトソース重視に方針転換したと記した。それが結局は利益をもたらさなかったとし、「ボーイングは今こそ方針を改めるべきときだ」と呼びかけた。

「凋落の象徴」としての787

ペーパーの2ページ目に小さく載せていた脚注に彼の決意がうかがえる。

「本論で示した見解は筆者のものであり、必ずしもボーイング経営陣のものではない。逆に、明らかになっている経営陣の方針は、もし仮に問われたとして、必ずしも筆者が薦めるものではない」

経営方針に真っ向から反する立場を明らかにしたハートスミス。「完全な効率化は不可能で、実現しようとすれば逆効果」「大量生産では有効なコスト削減策が、航空宇宙産業のような少量生産の産業では極めて不適切な場合が多い」「コストの削減方法は工場を営んだことがない外部コンサルタントではなく、従業員の声に耳を傾けて」といった10項目の勧告も行った。

論文は社内システムで共有され波紋を呼んだ。しかし、アドバイスが真剣に聞き入れられることはなかった。2004年にANAから50機の「ローンチオーダー」を得てゴーサインが出た787のプロジェクトは、ハートスミスの警告通りの惨状を見せる。

「787こそ、ボーイングの凋落の象徴だった」とシアトル・タイムズのドミニク・ゲイツは語る。

「ビジネスとして失敗だっただけではない。アウトソースへの依存は内部の人に対し『仕事を任せる人はいくらでもいるから、お前たちは必要ない』というメッセージにもなった。本社移転や、いちいち生産地を競わせるやり方と相まって、働き手の士気と尊厳をズタズタにしてしまった」

787のバッテリー発火事故から5年あまり後、今度は飛行制御システムの誤作動により、2機の737MAXが墜落した。マクドネル・ダグラスのDC-10、ボーイング787に続き3機種目となる、FAAによる全機運航停止の処分を受けた。

ブルームバーグ通信のピーター・ロビソンによると、737MAXの飛行テスト向けソフトなどの一部は、時給最低9ドルで働くインド系企業の新卒プログラマーらに外注されていたという(7)。

第六章

世紀の経営者か、資本主義の破壊者か

GEを世界最大の企業に育て上げたジャック・ウェルチ（左）と、ボーイングCEOだったフィリップ・コンディット（ロイター／アフロ）

「20世紀最高の経営者」の死

早春のシアトルらしく、霧雨が降るどんよりと薄暗い朝だった。

元社員のスタン・ソーシャーやピーター・レミーらボーイングに関わりの深い人たちに話を聞くため、2020年3月初旬、私はシアトルを訪れていた。ボーイング、そしてアメリカ経済を急失速に追いやる新型コロナウイルスが、まさにそのシアトルで市中感染を広げ始めていたころだ。

インタビューに備え、ホテルの部屋で身支度を始めたところで、テーブルに置いていたiPhoneが鳴った。スクリーンには「東京経済部デスク」とあった。

「ジャック・ウェルチが亡くなったらしい。すぐに速報を出して」

発明王トーマス・エジソンの流れをくむ文字通りの総合電機メーカー、ゼネラル・エレクトリック（GE）のトップを、2001年まで20年間務めたのがジャック・ウェルチだ。「20世紀最高の経営者」（フォーチュン誌）として、日本でも尊敬を集めてきた。

世界で1位か2位になれそうなビジネスだけを強化し、残りは切り離す。「選択と集中」を推し進め、巨大コングロマリット（複合企業）を作りあげたことで知られる。在任中にGEの株価を40倍に膨らませ、一時は時価総額で世界最大の企業に育てた。

そのウェルチが亡くなったとなれば、日本の読者にとってもニュースだ。腕時計に目をやると、日本時間では朝刊の締め切りが目前に迫っていた。腎不全だったという彼の訃報記事を大急ぎで仕上げながら、私は因縁めいたものを感じていた。

シアトルでの数日間の取材で、ウェルチの名を何度も口にしていた。ボーイングの企業文化を根底から変えたマクドネル・ダグラス流の経営手法は、彼に源流があったのではないか。そんな仮説について、取材相手たちと議論を重ねていたからだ。株主資本主義という原理をもっとも典型的に体現した経営者。それがウェルチだった。

当時、アメリカ産業界で苦境にあえいでいた代表的な2社が、ボーイングとGEだった。果たしてそれは偶然なのだろうか。急いで完成させたウェルチの訃報を東京に送りながら、そんな疑問がふと頭をよぎった。

「差をつけることが正義」、その原体験

アメリカ経済がまだ大恐慌からの回復途上にあった1935年。ボストンから車で30分ほど北にあるマサチューセッツ州の田舎町で、ともにアイルランド系の勤勉な鉄道車掌と、信心深い専業主婦の間にウェルチは生まれた。

労働者が多い街で、野球やアイスホッケーに没頭する少年時代を過ごした。息子を鼓舞し続ける母親からウェルチは強い影響を受け、野心と自負心の塊のような青年に育っていく。マサチュ

ーセッツ大学を経て進学したイリノイ大学の大学院では、普通なら5年かかるところを3年で化学工学の博士号を取る。しかし、「書物よりも人間が好き」として学問の道には進まず、GEのプラスチック部門に入った。そこで彼は、科学や工学ではなく、ビジネスと組織の管理で頭角を現す。

新入社員だった1960年の年俸は1万500ドル。翌年には1千ドル昇給して1万1500ドルとなった。しかし、働きぶりに自信があったのにもかかわらず、同じ部屋で働く4人全員の昇給額がまったく同じだったことに、ウェルチはいたく腹を立てる。

上司に訴えてもらちが明かず、会社を辞めかけた。このときの屈辱が、のちに彼が確立する経営哲学の礎《いしずえ》の一つとなる。「有能な人物には思い切って報い、無能な人は排除する」「厳しく差をつけることがスターを生み、素晴らしいビジネスを築く」といった考え方だ。

凡庸なパフォーマンスの「群れ」から抜け出すことにこだわり続けたウェルチは最年少記録で出世を重ねた。入社から20年、45歳の若さで、社員40万人超を擁する巨大企業の会長兼CEOに上り詰める。

まず戦おうとしたのは社内の官僚体質だった。エジソン以来の祖業である照明機器に大型家電製品、タービン、航空エンジン、機関車、航空宇宙、そして原子力。手広く展開していたGEは売り上げでも利益でも、アメリカ企業のトップレベルを維持してはいた。

しかし、惰性が支配しているかのように退屈で、動きが鈍く、無駄が多い組織だと感じていたウェルチは現状に我慢がならなかった。ウォール街から評価されず、株価が低迷していたことにも不満を抱いていた。

初めて戦略担当者らを集めた会議で、ウェルチは告げた。

「お互いの顔をよく見ておくことだ。もう会えなくなるから」

出席していた200人の戦略担当者のうち、解雇されずGEにとどまることができたのは十数人だったという。(1)

ナンバーワンか、ナンバーツーか

CEO就任直後の1981年12月8日、ニューヨーク五番街のピエール・ホテルで行った講演が、対外的なデビュー戦となった。「低成長経済におけるあくなき成長」。ウォール街関係者に向けてGEの戦略を語ったものだが、アメリカ産業界が進む方向性をも予言する、伝説的なスピーチとなった。(2)

1980年代の経済にとってはインフレが最大の敵になりそうなため、各国が引き締め政策をとると彼は予想した。過去30年間でもっとも低い成長率を前提に、経営計画を練らなければならない。生産が減り、失業が増える。生き残れるのは「集団から抜け出し、ひたすらナンバーワンかナンバーツーを目指す企業だ」として、「スリムであること」「コストが最低であること」「製品とサービスの質が世界水準であること」が必要だと語った。

そのうえで、ナンバーワン、ナンバーツーでない事業、技術的優位性を確保していない事業は「これまでその事業の経験がないと仮定したときでも、新たにその事業に参入するつもりがあるのか」を自問しなければならないとした。その問いかけをしない経営者や、伝統や感傷、能力の欠如ゆえ低迷する事業にけじめをつけられない経営者は「1990年には姿を消す」と警告した。スピーチは間を置かず実践に移された。競争力に欠けるとみた事業や工場は売却、閉鎖、海外移転を躊躇しなかった。リストラ（リストラクチャリング＝事業再構築）という言葉が一般化する10年以上も前のことだ。1983～1985年だけで118件の買収や合弁事業、新会社の立ち上げに踏み切り、一方で71のビジネスを捨て去ったとされる(3)。

ウェルチと方針が食い違ったり、ウェルチが望む数字を残せなかったりした管理職は容赦なくクビを切られた。毎年、相対的な成績が下位10％だとされた社員は、絶対的なパフォーマンスにかかわらず職を追われた。

ウェルチはほどなく「ニュートロン（中性子）・ジャック」の異名をとる。建物を破壊せず、屋内にひそむ人間だけを殺傷する中性子爆弾になぞらえた呼び方だ。本人は気に入らなかったようで、「あだ名には悩まされ続けた」という(4)。成績の悪い者が組織に残れないのは労働者のためでもある、とウェルチは自伝に書いている。

下位一〇パーセントを切るのは冷酷だとか、残酷だという声もある。そんなことはない。まったく逆だ。成長や昇進の見込みのない人間を残しておくことこそ、残酷であり、「間違った親切」ではないか。結論を先延ばしにしていると、本人の仕事の選択の幅が限られ、子供を大学に行かせたり、巨額の住宅ローンを払う時期になって、会社にはいられないということになる。これほど残酷なことはない。

1981年のCEO就任時に約41万人いた社員は、5年後には30万人を割り込んだ。この間に減った11万2千人のうち、3万7千人は事業売却で、残りは「事業の生産性が低い」とされてGEを去った。当時、日本企業の攻勢に押されていた危機感も、徹底的な合理化を追い求める経営スタイルに影響したと、ウェルチは同じ自伝で明かしている。

アメリカ企業は簡単に社員のクビを切るイメージがある。しかし、半世紀前までは必ずしもそうではなかった。働き手は企業に一定の忠誠心を持ち、企業もそうした働き手と長期的な関係を結んだ。労働組合が間に入り、機能を果たした。レイオフ（一時解雇）も、不況や業績不振により、最後の手段としてやむにやまれず、というのが一般的だった。

慣行を一変させたのがウェルチだった。たとえ最高益が続いていたとしても、事業を、そして社員を切った。損失を回避するためではない。利益を一段と積み増し、株価を上げるためだ。必要な仕事であったとしても、労働組合がなく、環境規制が緩く、人件費も低い新興国やアメリカ南部の諸州へと、仕事はアウトソースされていった。

ウェルチの前の世代までのアメリカ企業は、そこまで厳しい国際競争に身を置く必要がなかった。それが従業員への手厚い待遇や、労働組合との良好な関係を可能にし、社会全体を今よりも平等に保つのにつながった面がある。

しかし、1世紀近く続いてきた生産性の急激な上昇に急ブレーキがかかり、石油危機を機に低成長時代へと突入すると、企業からも社会からも余裕が失われる。規制緩和や貿易の自由化が進み、日本勢の台頭もあって国際競争は熾烈になった。

そうした時代背景のもとで説得力を持って受け入れられたのがウェルチ流の経営だった。私たちが今、目撃しているアメリカ企業の振る舞いの原型が、この時代に築かれた。

ダボハゼ化したM&A

ウェルチがいそしんだ会社や事業の買収は、M&A時代の幕開けを象徴するものだった。派手なディールでウォール街を驚かせ、利益と株価を上げることにこだわった。買収先選びでは、総合電機《ゼネラル・エレクトリック》企業としてのアイデンティティーは脇に置かれた。投資会社や資産管理会社としての性格をGEは強める。利益を生みそうなものなら何であれ、ダボハゼのように幅広いビジネスを飲み込んでいった。

とりわけ、メディアと金融にウェルチは執心した。

1985年末、GEは家電や放送・通信などを幅広く手がける大手コングロマリットのRCAを63億ドルで買収すると発表した。当時としては、石油会社を除けばアメリカ史上最大のM&Aだった。RCAはもともとGEの関連会社だったが、大恐慌直後の1932年、両社は分割に追い込まれていた。それから半世紀を経て、レーガン政権下の司法省が再結合を認める姿勢に転じていた。絶好の機会を、ウェルチは逃さなかった。

買収劇のきっかけは、ウェルチが東京にある横河電機の工場を見学したことだった。日本の製造現場の強さに脅威を感じ、直接競争せずに済む産業を探した。その一つが外資規制という非関税障壁に守られたテレビ放送だった。

RCAは、傘下に3大放送ネットワークの一つ、NBC（現NBCユニバーサル）を抱えていた。ウェルチはニュース部門のコスト意識のなさにいらだち、経費がかさむ海外取材網のリストラを促した。キャスターの人選や、気に入らないニュース番組の中身にも口を挟んだ。

ＲＣＡを手中に収めたのを機に、ＧＥ株は上昇基調を一段と強める。ウェルチは一方で、テレビ製造やレコード部門など、ＲＣＡが抱えていたＮＢＣ以外のビジネスは、切り刻んだ上でどれも売り払った。

並行して進んだのはＧＥの金融会社化だった。傘下のＧＥキャピタルが抱えていたリースや保険に加え、ウェルチは１９８６年、ウォール街の証券大手キダー・ピーボディを買収し、投資銀行業界にも足を踏み入れた。キダー自体はインサイダー取引事件などのスキャンダルにまみれ、のちに解体された。ただ、その間もＧＥは大小の金融会社を買収し続け、金融部門の割合がみるみる高まってゆく。

ウェルチがＣＥＯに就いた時、金融事業は売り上げの３％しかなかったが、10年後には３割超にまで拡大した。資産規模でみれば、ＧＥはすでに世界有数の金融機関と化していた。最盛期には、ＧＥの利益の半分以上を金融事業が稼ぎ出すようになる。

電機メーカーの根幹をなすはずの新技術や新製品の開発は滞った。ウェルチがＣＥＯになってからの７年間で、研究開発に携わる人員は３割減らされた。「新たなビジネスを育むことに、私たちは関心がない」。ウェルチ自身が、はっきり語っている。(5)

モノやサービスの生産を拡大するよりも、金融によって信用を膨らませて経済を回す。アメリカの資本主義の変質を、ウェルチのＧＥは見事なまでに体現していた。

ＧＥは四半期ごとに利益を増やしつづけた。それも、事前のアナリスト予想を、毎回しっかり超える。決算発表の都度、株価は上がった。そのサイクルを続けるのに、収支の計算にあたって経営者の裁量が大きい金融ビジネスは欠かせない存在となった。

決算期末の日、グループ内などの取引を工夫することで、利益を上乗せすることも、費用を計上して利益を減らすこともできた。金融部門は次第に、不透明な会計処理が繰り返される温床ともなっていく。(6)ウェルチが率いた20年間、四半期ごとの成果にこだわり続ける中で蓄積された矛盾のマグマ。次第にそれは、絶えざる増益と株価上昇という圧倒的な結果によっても、覆い隠せなくなりつつあった。

アメリカ中に散ったウェルチのＤＮＡ

ウェルチの経営には、もう一つ見逃せない特徴があった。現場の働き手は容赦なく切る一方で、将来経営を担う幹部の育成に惜しみなく投資したことだ。

ニューヨーク郊外のクロトンビルという緑深き地に、ＧＥは6万坪の古ぼけた研修所を持っていた。宿泊所は、うらぶれたモーテルのようだったという。ウェルチはそれを丸ごと、最新鋭で豪華な施設に作りかえさせた。ＧＥの本社があったコネティカット州フェアフィールドからは車で1時間ほどの距離だったが、幹部の移動時間を節約するためヘリポートも設けられた。

世界でもあまり例がない企業内ビジネススクールだった。大学のＭＢＡ（経営学修士）コースでよく使われる他社のケーススタディではなく、ＧＥ自身が抱える課題とチャンスを議論させた。

ウェルチ自ら毎月のように赴いては、「ピット」と呼ばれる階段状に席が配置された講堂の壇上に立ち、延べ1万人以上の幹部候補生をじかに鍛え上げた。ウェルチズム（ウェルチ主義）のDNAは、この独自のビジネススクールを通じ、GE全体に浸透していった。

幹部の登用も独特だった。ウェルチ自身も前任者からそう選抜されたように、いくつかの最重要ポストについては、あらかじめ複数の候補者を事実上指名した。一定期間、パフォーマンスを競わせ、絞り込む。

とりわけ重要だったのは、いうまでもなくウェルチの次のCEO選びだ。選考は何年もかけて行われた。1994年にまず24人が選ばれ、1997年には8人に絞られた。そして2000年にはジェフリー・イメルト、ジェームズ・マックナーニ、ロバート・ナルデリの3人が残った。翌2001年に最終的に選ばれたのはイメルトだった。

総帥の座を争ったエリートたちは、戦いに敗れてGEを去ることになっても、ほかの企業が厚遇で迎えた。各社の取締役会には、本物のウェルチズムを移植し、株価を上げるチャンスと映ったのだろう。ウェルチのもとで鍛えられた門下生たちは、タンポポの綿毛が風に舞うように広く散らばり、ウェルチズムのDNAを新天地に根付かせていった。

受け入れ先の筆頭格となった会社がある。航空エンジンを手がけるGEにとって、大得意先でもあるボーイングだった。

ボーイングになだれ込むウェルチ門下生

買収されたマクドネル・ダグラスのトップから、買収した側であるボーイングのCEOになったハリー・ストーンサイファーは、GEでウェルチの薫陶を受けた一人である。

ストーンサイファーはマクドネル・ダグラス時代、本社があったミズーリ州セントルイスの郊外で、100ヘクタール超の広大な土地に建つフランス風の大邸宅を会社に購入させていた。彼はウェルチに倣い、自らの「クロトンビル」をつくろうとしたのだ。[7] この施設はのちに「ボーイング・リーダーシップ・センター」となる。

ストーンサイファーは2005年、「直属の部下ではない会社の女性幹部との個人的な関係をめぐる事実」を理由に取締役会から退任させられる。その後任のボーイングCEOに就いたのも、GEでウェルチの右腕だったジェームズ・マックナーニであった。2代続けて、ウェルチ直系のGE出身者がボーイングを率いることになったのだ。

マックナーニは、かつてGEの航空エンジン部門を率い、ウェルチの後継CEOレースを最後まで争った3人のひとりだ。イメルトに敗れたマックナーニはGEを去り、付箋の「ポスト・イット」などで知られる工業・事務用品大手スリーエム（本社・ミネソタ州）のCEOにいったん転じ、そこからボーイング入りすることになった。

GEを飛び出したウェルチ直系の元幹部らは、移籍先でそろってリストラを断行した。それらの企業では、コストが浮いて株価が上向くこともあったが、大半のケースでは結局、ビジネスがうまくいかなくなり、株価も下がった。最悪のケースでは経営破綻した。

ウェルチが引退して2年後の2003年、ウォールストリート・ジャーナルがGE出身の経営者たちのパフォーマンスを調べたところ、彼らは就任後、軒並み3〜4割も株価を下落させていた。[8] 一方で、年に数十億円単位の報酬、さらに巨額の退職金を得ていた。

ニューヨーク・タイムズのデービッド・ゲレスが2022年に出版した「The Man Who Broke Capitalism（資本主義を壊した男）」（邦訳『ジャック・ウェルチ「20世紀最高の経営者」の虚栄』）はウェルチとその門下生がアメリカの資本主義にもたらした負の影響を描いている。[9]スリーエム時代のマックナーニも、代表例の一つとして紹介されていた。

ゲレスによると、ウェルチがGEで実践したことを、マックナーニは忠実に再現した。CEOに就いた直後に5千人のリストラを発表したかと思えば、削減数はすぐ1万1千人に達した。試行錯誤を重ねて「ポスト・イット」などのイノベーションを生み出す気風を誇っていたスリーエムだが、徹底的なコスト削減が厳命され、遠回りは許されなくなった。短期の成果をみる評価基準に達しない者や、経営陣に恭順しない者は職を追われた。

毎日決まって通勤し、きちんと仕事をしている限り、ひどい扱いは受けない。社内には長く、そんな安心感があった。しかし、マックナーニ体制下で「文化は変わりつつあり、心配の種になっている」と、ポスト・イットを発明した社員は嘆いたという。

マックナーニによるスリーエムの統治は4年ほどで終わった。ボーイングに新CEOとして引き抜かれたからだ。ゲレスによると、マックナーニが去ったスリーエムは古き良き試行錯誤の文化を少しずつ取り戻していった。新たなCEOのもと、予算や収支計画ではなく、イノベーションやエンジニアリングが再び重視され始めたという。

一方で、マックナーニを招き入れたボーイングは、彼がアグレッシブに進めた外注戦略のツケとして、中型機「787」をめぐる大混乱に直面する。マックナーニはまた、のちの737MAX事故につながる「新型小型機の開発ではなくエンジンの載せ替え」を判断した最終責任者でもあった。

「差別化こそ競争力の源泉」ウェルチの組合観

ウェルチは大の組合嫌いだった。メンバー間の平等を基本理念とする労働組合と、「差をつける」ことにこそ価値を見いだすウェルチは、根本的なところで水と油だった。安定した身分の保障と、横並びでの待遇アップを求める労働組合は、ウェルチにとって株主利益を最大化する上での障害でしかない。

GEトップを退いた後、ウェルチはノーベル賞経済学者のジョセフ・スティグリッツと雑誌の企画で対談したことがある。スティグリッツは、労働組合が労働者保護に果たしてきた役割を高く評価しつつ、それまで数十年間の退潮を嘆いた。政治的にも右派とバランスさせるための「重要な役割」を労働組合に期待していると語った。

ウェルチは、いかにも納得がいかない様子で反論に出る。引き合いに出したのは、労働組合が強いせいで競争力を失ったとウェルチが考えている企業群だった。

「ジョー、それらを元に戻せば、国際競争に打ち勝つ競争力のあるアメリカになると本当に思うか？　私たちは良い賃金を支払うべきなのか。福利厚生はあるべきか。労働者に配慮した啓蒙的な経営が必要か。もちろん、どれもイエスだ。しかし、再び組合を組織して労働協約を結んでまでして、GM（ゼネラル・モーターズ）やUSスチール、航空会社、その他すべてのそうした企業を、私たちは有するべきなのだろうか。組合に加わって大成功したアメリカの産業の例があるなら、挙げてみてくれないか？」

自らが率いた20年間、GEでは労働組合は組織されなかったと誇った。組合員でも非組合員でも、成果を出せばストックオプションを与えられるし、働きがダメならばリターンは得られない。そうした「差別化」が大事なのだと、ウェルチは諭した。

「組合は差別化を許さない。ジョー、それは本当に競争力に冷や水を浴びせるんだよ。君は、そのことを直視しなければならない。組合は、優秀な労働者と平凡な労働者を区別しない。だから会社の平均はCプラスやBマイナスになる。Aではなくてね」

「恩師」の組合嫌いを受け継いだのか、ボーイングCEOとなったマックナーニも、労働組合には厳しく対峙した。労働協約が数年ごとに改定時期を迎えるたび、組合がさまざまな要求を掲げて起こすストライキが、マックナーニらを悩ませていた。

「組合の力をそげ」リスク覚悟の一手

ただでさえ「787」の問題がボーイング社内を混乱させていた2008年9月。生産現場の工員らでつくる国際機械工・航空宇宙産業労働者組合（IAM）が起こしたストライキは、決定的に間が悪かった。ストに突入したその約1週間後、リーマン・ブラザーズが経営破綻したのだ。航空産業が世界経済もろとも急失速していくさなか、コスト増大と生産スケジュールの遅れにつながったストは、マックナーニらに次の強行策をとらせるのに十分な材料を与えた。

翌2009年、マックナーニらが下した決定は、シカゴへの本社移転以来の大混乱をシアトルにもたらした。「787」の生産ラインを、「747」なども組み立てているシアトル近郊のワシントン州エバレット工場だけでなく、そこから4千キロ近く離れた北米大陸の反対側、東海岸のサウスカロライナ州にも設けることにしたのだ。[10]

ワイドボディー機である「747」「767」「777」「787」を組み立てるエバレット工場に、ナローボディーの「737」を生産するレントン工場。シアトル一帯にはサプライチェーンが張り巡らされ、訓練された労働力もある。遠く離れた場所に工場を構えることは、生産性や品質を犠牲にする危うさもはらんでいた。

マックナーニらは、あえてそのリスクをとった。サウスカロライナなどの南部は、奴隷制と関わりが深い歴史的背景もあり、今も賃金水準が低く、労働組合は抑圧され、税金は安く、あらゆる規制が緩い。企業にとっての「利点」を生かし、南部へと生産拠点を移す流れがもともと強まっていた。トヨタ自動車や日産自動車、ダイキン工業といった日系の大手メーカーが新工場を軒並み南部に置いているのも、そうした事情と関係が深い。

サウスカロライナでの「787」の組み立てを実現したことで、マックナーニは、シアトル以外への生産移転が単なる脅しではないことを示してみせた。787の生産コスト削減にとどまらず、シアトルを地盤とする労働組合の弱体化を狙ったものでもあった。

しかし、アメリカの労働組合は、とりわけ伝統的な製造業では、労働者の分け前の最大化を狙うだけの存在ではない。会社とともに組合員を教育・訓練し、生産性を高める役割も担ってきた。ベテラン工員に乏しく、労働組合もないサウスカロライナ工場では、現場のスキルや士気、そして「787」の品質をめぐる疑惑が、相次ぎ浮上する。

「こんな飛行機なんて乗るか」作業員の映像

中東カタールのテレビ局アルジャジーラは2014年、「ボーイング787　破れた夢」（The Boeing 787: Broken Dreams）と題するドキュメンタリーを公開した。番組では「教育されておらず、技能も不十分で、配慮にも欠けたスタッフ」が787を組み立てているとする、サウスカロライナ工場作業員の内部告発が取り上げられた。

隠しカメラを身につけた内部告発者が工場内で撮影して回ったとする映像には、マリファナなどの薬物が職場で売買されており、抜き打ちの尿検査もない、などとあけすけに話す同僚たちの姿が記録されていた。工程の一つひとつを最終確認するはずの検査担当者は「穴を確認したらシール剤でふさがっているか、留め具をつけたかとか、全部確認することになってはいる。でも俺は全部見たことなんてない。それでも『これでよし』と言って最終OKを出すことになってる」と内部告発者に話した。

ある作業員は「（シアトル近郊の）エバレット工場なら、まっとうに飛行機をつくるために正しいことをやると思う。労働組合があるから、そうしないといけないんだ。ここではみんな、クオリティーなんてお構いなしに、バカみたいなスケジュールに合わせるよう強いられている」と打ち明けた。別の作業員が「ここでクソみたいな品質の劣化を目にしたんだから、こんな飛行機なんて乗るものか」と話す場面まで収められていた。

ボーイングはすかさず反論した(11)。

「事実を歪曲し、裁判所が退けた主張に依拠し、過去に徹底的に取り上げられた話を『ニュース』として息せき切って蒸し返し、ボーイングに損害を与えることだけを目的とするように見える匿名の情報源に頼る罠に、番組制作者が陥ったように見えるのは残念だ」

エバレット工場とサウスカロライナ工場については「現在運航中の787型機のデータは、両地域で製造された航空機の品質と性能は同等であることを示している」と主張した。

しかし、強気の姿勢とは裏腹に、サウスカロライナ産の787は大小の品質問題に悩まされ続けることになる。中東のカタール航空は、サウスカロライナ産を受け取らず、エバレット産だけを運航する方針を打ち出した。ほかの航空会社からも「シートが緩んでいる」「ピンが欠落したり、不適切に取り付けられたりしている」といった苦情が出た。

その後、737MAX事故対応にボーイングが追われる中、787も連邦航空局（FAA）によって納入の一時停止に追い込まれた。世界がコロナ危機に見舞われた2020年秋、ボーイングはついにエバレット工場での787の組み立てから撤退し、サウスカロライナ工場に生産ラインを一本化すると決めた。787の生産や品質をめぐる問題は、737MAX事故の後始末とともに、経営の重荷として今もボーイングにのしかかっている。

「本家」を凌駕するウェルチズム

マクドネル・ダグラス買収に端を発した「シアトルの文化大革命」を経て、ボーイングは幹部人事でも企業文化でも、GEとウェルチの影響が色濃くにじむ組織となっていた。マックナーニ時代に実践されたのは、「本家」をも凌駕する徹底したウェルチズムだった。

「我々はよくマクドネル・ダグラスを責め立てる」とシアトル・タイムズのドミニク・ゲイツは言う。「ただ、私がボーイングを取材してきたこの20年あまりのうち、企業文化のGE的な劣化がもっとも劇的に進んだのは、むしろマックナーニ時代だったかもしれない」

ファイナンス帝国と化したマックナーニ体制下、徹底したコストカットの矛先は取引先にも向かった。価格カットをのむか、取引を切られるか。苦渋の2択を迫られた部品メーカーは体力が削られ、現場の劣化が一段と進んでいくことになる。

約10年間にわたりボーイングを率いたマックナーニの後任には、GE出身者ではなく、社内エンジニアとしてキャリアを積んできたデニス・ミュイレンバーグが選ばれた。マックナーニの近くでウェルチズムをたたき込まれ、防衛部門の責任者としてコストカットに手腕を発揮した人物だ。

なお、ミュイレンバーグ体制下でも、737プログラムを含めた民間機部門の社長兼CEOは、やはりGEで航空エンジン部門を率いていたケビン・マカリスターが務めた。さらに、ウェルチの謦咳《けいがい》に接したGE出身者、デービッド・カルフーンも取締役として鎮座していた。

ミュイレンバーグ率いるボーイングは、連続事故を起こした737MAXが早い時期に再認証されるだろうと楽観するメッセージを発し続けた。しかし、幾度も当てが外れては当局や航空会社から不興を買った。2019年10月、まずはマカリスターが退任に追い込まれ、年末にはミュイレンバーグがCEO職を事実上解任された。

トップ更迭に至った事態を受け、ボーイングは表向き、反省や再出発を語った。ただ、それは必ずしもウェルチズムとの決別を意味したわけではなかったようだ。

ミュイレンバーグの後任のCEOに選ばれたのは、当時会長に就いていた取締役のデービッド・カルフーンだった。カルフーンは、GEにおけるウェルチの後任CEO候補として、マックナーニらとともに1994年に選ばれた24人の精鋭のひとりだ。GEを離れた後、ボーイングの取締役に就きつつ、投資会社ブラックストーン・グループの運用部門トップや、調査会社ニールセン・ホールディングスの会長を歴任したプロ経営者である。

2020年初めにボーイングCEOに就任した1カ月半ほど後、カルフーンはデービッド・ゲレスらニューヨーク・タイムズ取材班のインタビューに応じている(12)。ボーイング側が会場として指定したのは、マクドネル・ダグラスCEOだったハリー・ストーンサイファーが購入させたセントルイス郊外の大邸宅「ボーイング・リーダーシップ・センター」。ボーイングにとっての「クロトンビル」だった。

シカゴでもシアトルでもなく、なぜこの研修施設を取材場所として選んだのかをゲレスが尋ねると、カルフーンは答えた。

「私にとっての永遠のメンター（指導者）は、研修所を本拠地として使っていたからね」

ゲレスは答えを知りつつ、あえて「それは誰ですか」と尋ねた。

「ジャック・ウェルチさ、残念なことにね。本当に残念だよ」

ウェルチは、その前日に亡くなっていた。カルフーンは、GE流の研修のすばらしさを蘇らせたいとも語ったという。カルフーンの言葉は、ウェルチという人物とその経営に対する彼のリスペクトが、少しも揺らいでいないことをうかがわせるものだった。

ついに解体されたウェルチの帝国

リストラと大胆なM&Aを駆使し、利益目標を確実にクリアすることで株価を高めていくウェルチの経営は、GEの金融部門への依存を深めた。その金融部門はサブプライムローン関連のビジネスへと深入りしていく。ウェルチ退任後に起きた2008年のリーマン・ショックにより、GEは瀕死の痛手を負う。結局、カリスマ投資家ウォーレン・バフェットに支援を仰いで延命することになった。

ウェルチの後任のCEOだったジェフリー・イメルトは、自らも果敢にM&Aに乗り出すなど実績づくりに励んだが、高値づかみして失敗することも多く、また、前任者が残していった問題含みの事業の後始末に最後まで追われ続けた。

そうした中、いくつもの不正な会計処理で投資家を欺いたとして、証券取引委員会（SEC）は2009年にGEを提訴した(13)。1990年代半ば以降、GEは四半期ごとの利益目標を毎回、上回り続けていたが、実現していない機関車の売り上げを計上するなどの粉飾が横行していたのだ。

SECの監視が強まって以降、あからさまな会計操作は難しくなり、GEの株価は長期低迷に陥った。巨額の損失を出した金融会社にとどまらず、ウェルチゆかりのプラスチック事業や放送局NBCなども相次ぎ売却に追い込まれた。2018年6月には、GEがダウ工業株平均を構成する30社から外れるというニュースが飛び込んできた。

自動車産業の取材のため出張していたデトロイトで原稿を書いた。(14)

GE、ダウ銘柄外れる　米製造業の地盤沈下、象徴

米国株式市場を代表する株価指数「ダウ工業株平均」を構成する30銘柄から、米ゼネラル・エレクトリック(GE)が外れることになった。ダウ平均がつくられた1896年に構成銘柄となり、今も採用される唯一の銘柄だった。

ダウ平均を算出する米S&Pダウ・ジョーンズ・インデックスが19日、構成銘柄を26日付で入れ替えると発表した。GEの代わりに、ドラッグストア大手のウォルグリーン・ブーツ・アライアンスを加える。

GEは発明王トーマス・エジソンを源流とする老舗電機メーカーで、米国を代表する優良企業だった。一時は金融やメディアにもビジネスを広げ、複合企業(コングロマリット)の成功例とされた。世界最大の時価総額を誇る時期もあった。

2008年のリーマン・ショック後は家電や金融から相次ぎ撤退し、「選択と集中」を加速させてきた。だが、再生可能エネルギーの普及で主力の発電機部門が苦戦し、縮小したはずの保険部門で巨額損失を計上するなど業績が低迷。米株式相場が最高値圏で動くなか、GE株はこの1年間で55%も急落。ダウ平均に与える影響が極めて小さくなっていた。(後略)

(デトロイト=江渕崇)

ＧＥはエジソン以来の祖業である照明事業などからも次々と撤退を余儀なくされ、業容は縮小し続けた。初めて外部からＣＥＯを招くなどし、再起への道を探ることになる。

２０２４年４月、ＧＥは航空、ヘルスケア、エネルギーへと会社を３分割する手続きを終えた[15]。コングロマリットという業態からの、完全なる決別だった。ウェルチが約20年をかけて築き上げた帝国は、ここに解体された。

しかし、ボーイング、そしてアメリカに深く根付いたウェルチズムが消え去ったわけではなかった。

第七章

「とりこ」に堕したワシントン

2018年、航空機の認証にあたり、メーカー側の権限を強める法律に署名する大統領のドナルド・トランプ（ホワイトハウス提供）

地に落ちたゴールド・スタンダード

北米大陸の東海岸沿いを空路で行くと、海岸線と平行するように細長い陸地が断続的に浮かび、大西洋の白波に洗われているのが眼下に見渡せる。遠浅の海に砂が堆積《たいせき》した「沿岸州《えんがんす》」という地形である。

1903年12月17日午前。兄ウィルバー・ライトと弟オービル・ライトの2人組が世界初となる航空機の動力飛行を成功させたのも、ノースカロライナ州にある沿岸州の一つだった。ニューヨークの自宅から、ハイウェーを南へと走ること約8時間。連邦政府が国定公園「ライト兄弟メモリアル」として管理しているその場所を、私も冬休みに訪れた。

冷たい海風が吹きすさぶ原っぱを見渡すと、四つの石碑がほぼ直列に並び、さらにもう一つの石碑が少し離れた場所にぽつんと置かれていた。ライト兄弟があの日、飛行機を離着陸させた地点をそれぞれ示している。

離陸地点だという碑のそばに立つと、近くに着陸地点を示す一つ目の石が見えた。最初のフライトのものだ。滞空時間12秒、飛距離は36メートルにとどまった。しかしそれは運輸、産業、軍事と広範な領域において人類の新たな可能性を切り開く、限りなく大きな一歩でもあった。

兄弟はその日、合わせて4回の飛行に挑んだ。2回目も12秒だったが、今度は53メートルを飛んだ。3回目は15秒、約60メートル。そして、4回目。12馬力のエンジンを積んだ複葉機は、コツをつかんだウィルバーの操縦によって59秒間にわたり空中を進んだ。飛行距離約260メートル。四つ目の石が遠くにかすんでいるのを望みながら、どこからか兄弟の歓喜の声が聞こえてくるような気までした。

偉業から1世紀あまり。世界が切り開いた航空史の先頭にはいつもアメリカがいた。産業や技術の発展だけではない。空の安全をいかに守るか、航空行政の枠組みや規制の運用でも、アメリカは絶対的な模範「ゴールド・スタンダード」であり続けてきた。

737MAXの連続墜落事故とともに失墜したのは、ボーイングという一企業への信頼にとどまらない。アメリカ連邦航空局（FAA）の権威も地に落ちた。なぜFAAは737MAXの危うさを見逃し、安全だとお墨付きを与えてしまったのだろうか。

「FAAの最大の敵はFAA」20年前の警告

手当たり次第に資料を探る中で、興味深いタイトルの本をみつけた。「Flying Blind, Flying Safe」（邦訳『危ない飛行機が今日も飛んでいる』[1]）。アメリカ運輸省の監察総監（Inspector General）として1990年代、傘下のFAAのお目付け役を務めたメアリー・スキアヴォが、その職を退いた翌年の1997年に出版したものだ。

直訳すれば「目隠し飛行」となる「fly blind」は、航空用語では夜間や悪天候で視界が悪い際に、計器と管制官からの指示を頼りに操縦する無視界飛行（計器飛行）のことを指す。一般には「わけも分からず、当てずっぽうで物事を行う」といった意味でも使われる。

いかに航空会社が安全を軽視したまま飛行機を飛ばしているのか。監視・監督するＦＡＡが、どれほど機能不全に陥っていたのか。フロリダで起きた墜落事故を引き合いに、双方の「目隠し」ぶりを告発するスキアヴォの筆は、序章から辛辣だった。

(監察総監就任から) 五年たってようやくわかってきたのは、航空業界を守ることこそ自分たちの使命だ、とＦＡＡが信じていることだった。連邦航空法を見ると、ＦＡＡの務めは民間航空業界を育成することだと、はっきり書いてある。安全管理が重要であるという記述もある。ところが、この相反する二つの使命をどう両立させたらいいのかについては一切触れていない。ＦＡＡの局員の大半は、これらの使命が相反するものだという事実にさえ、まったく気づいていない。(中略)

やがて、私は悲しい結論に行きついた。それは、ＦＡＡの最大の敵がＦＡＡ自身であるということだった。ＦＡＡは航空業界と癒着《ゆちゃく》して、本来の任務を見失っているのだ。

７３７ＭＡＸ事故より20年も前に、スキアヴォは官民癒着の構造がさらなる事故を招きかねないと警告していた。航空会社だけでなく、航空機メーカーとＦＡＡの関係も当時からゆがんだものだった。

事故を招いた「セルフ認証」

スキアヴォはハーバード大生時代、宿題の自己採点は禁じられていたと思い起こす。自分に「A」をつけたい誘惑から評価が甘くなってしまうからだ。しかし、と彼女は書く。

驚いたことに、ボーイング社やロッキード、マクダネル・ダグラスといった航空機メーカーは飛行機の設計に関する認可を自分たち自身で与えているのだ。

ただでさえ、できたてほやほやのジェット機にAの評価をつけたいという誘惑は大きいだろう。では、その企業が何十億ドルものプロジェクトを何としてでも遅らせたくないと思っていたり、背後にライバル会社が迫っていたとしたら、どうだろう？ ボーイング777の話は多くの人々に疑問を投げかけるにちがいない。連邦航空局（FAA）は国民の血税に見あうだけの監督業務を行っているのだろうかと。

実をいうと、ボーイング777が安全で異常のないことを証明するためのテストのうち、九五パーセントは、FAAがボーイングのなかから選んだ代理検査官によって行われていた。しかし、ボーイングの技術者は、777の本体とそのシステムのテストをFAAのかわりに行っていただけではなかった。テストの項目も彼らがつくっていたのだ。彼ら自身が合否の基準を決め、テストを実施し、飛行機の合否を最終的に判断するのである。もちろん、合格に決まっている。

彼女が監察総監の任にあった当時は、大型機「777」が型式証明を受けたタイミングだった。文中の「777」を「737MAX」と言い換えても、そのまま通用しそうな記述だ。この本を手に取ったのは737MAX連続事故のしばらく後だったが、私は問題の構図があまりに変わっていないことを突き付けられて愕然とした。

いや、変わっていないわけではなかった。利益相反の関係はむしろ強固さを増した。メーカーへの権限の委譲はますます進んでいたのだ。

彼女は「FAAがボーイングのなかから選んだ代理検査官」にテストを頼っていたことを問題視したが、2005年を境にさらに業界寄りに改められる。FAAが指名した人物ではなく「ボーイング自身が選んだ社内代理人」が認証手続きを進めるようになった。

かつてならボーイング社内の代理検査官という「個人」に直接、FAAが審査を委ねていた。新たな仕組みではボーイングという「組織」に、審査が丸ごと任される。FAAは検査官を誰にするかも、自由に決められなくなった。

FAAが権限をアウトソースしたのは、メーカー側が政治力を使って実現させた面が大きい。ただ、理由はそれにとどまらない。ケーブルと油圧ではなく、電気信号とモーターを介して操縦される「フライ・バイ・ワイヤ」が主流となり、航空機はコンピューターの塊のような製品と化した。それを制御するソフトウェアは指数関数的に複雑さを増す。ただでさえ人手不足のFAAの安全検査官では、最新技術のチェックが手に負えなくなっていた。

737MAX事故につながった飛行制御システム「MCAS」の危うさを、FAAは見抜けなかった。実質的な評価は、ボーイング側の技術者に任される事実上の「セルフ認証」だったのだから。

ボーイングが目指すスケジュールから遅れたり、コスト増につながったりすることは許されない――。ボーイングとFAAの双方の現場には、そんな圧力もかけられていた。

「イヤなら出ていけ」ベテラン技術者が強いられた認証

ボーイングによる「セルフ認証」の実態とは、どのようなものなのか。航空機認証専門の技術者マイク・レバンソンに会いに、彼が住むピッツバーグに飛んだ。ボーイングのほか旧マクドネル・ダグラス、ロッキード・マーティン、エアバスなどで通算30年以上にわたり、FAAの認証手続きに携わってきたベテランだ。

彼は「FAAとは、ボーイングそのものなのだ」と語り出した。「ボーイングがFAAを運営し、ボーイングが決断する。FAAじゃない。私が経験した認証の実態だ」

レバンソンは2013年までシアトルで5年間、ボーイングに雇われながらFAAの代理人として認証手続きをこなしたという。携わった約500件のうち3件について、認証を拒むとボーイングの上司に申し出た。いずれも必要なデータが不足していると判断した。最初の2件は担当から外されただけで済んだ。しかし、3件目は許されなかった。

古い727型機の補修について認証の手続きをしていたときのことだ。エンジンを機体に据え付ける重要部品「エンジンマウント」が損傷し、ボーイングは別の来歴不明の機体で使われた中古品をあてがう計画を申請していた。レバンソンによれば、その中古品はＦＡＡの基準を満たしていない代物だったという。

「何年間で何回飛んだのかについてデータが皆無だった。どれだけ長持ちするか分析できるわけがない。ＦＡＡは、そんな部品の取り付けを許してはいない」

認証を拒むと報告すると、ボーイングの上司は言ったという。

「君はこれをただちに認証するか、さもなければ、職を失うかだ。席に戻って、どうすれば認証できるかを考えろ」

中古のエンジンマウントがどれほど安全を脅かすのか、はっきりは分からない。レバンソンは「スイスチーズ・モデル」と呼ばれる安全管理の考え方を説明してくれた。

「穴だらけのスイスチーズを考えてみよう。スライスが1枚しかなければ、いくつもの穴から棒を通せる。しかし、何枚も層を重ねることで穴はふさがり、どこかの段階で棒を通すのは不可能になる。航空安全も同じだ。設計の規制、パイロットの訓練、メンテナンスや検査といった仕組みは、どれも一つだけでは完璧でなく、それぞれ穴がある。いくつもの対策＝チーズスライスを重ねることで穴はふさがり、事故のリスクは極小化される」

中古のエンジンマウントが規制を完全には満たしていなかったとしても、おそらく飛行機は安全に飛んだだろう。何層もあるスライスがたった1枚、はがされただけだからだ。しかし、とレバンソンは言う。

「スライスの一つひとつを確実なものにするのが認証という制度だ。1枚ぐらいはがれても問題ない、という油断が連鎖した先に、思わぬ形で『穴』が貫通することになる」

やはり認証するわけにはいかないという回答に、上司は怒った。

「10分やるから、机を片付けて出ていけ」

レバンソンは、そうしてボーイングでの職を追われたと話す。

なお続く規制の骨抜き

業界はさらなる規制の骨抜きを図る。2018年10月5日、大統領執務室。運輸長官イレーン・チャオら11人の政権・議会関係者に囲まれながら、大統領のトランプは463ページの法案「H.R. 302」の表紙にペンを走らせた。「2018年FAA再授権法」が成立した瞬間だ。

FAAの5年分の予算や権限に裏付けを与える法律で、そこには航空機業界が望んだ規制の見直しが盛り込まれていた。これまで以上にメーカー側に認証の主導権を渡す内容だった。ロビイストが何年にもわたって議会に働きかけ、ようやく実現させたものだ。

認証手続きの大半は以前から、メーカーが自ら指名し、給料を払うエンジニアに任されてはいた。ただ、どの項目をFAAが自ら審査し、どの項目をメーカーに任せるかを決める権限はFAAに残されていた。いったんメーカーに任せた項目でも、FAAの担当官が懸念を抱けばチェックに乗り出すこともできた。しかし、2018年の法改正は、そうした権限もFAAから取り上げた。

「認証プロセスを簡素化し、合衆国の航空機メーカーがグローバルに競争し、製品を市場にタイムリーに提供できるようにする」

法改正の狙いを、FAAのウェブサイトはそう説明する。知識も技能も優れたメーカーにできるだけ委ねることで、スピードと質を高められる、との理屈だ。認証手続きが、ほぼ完全な「自己採点」となってしまったことを意味していた。

黙っていなかったのは、FAAの安全検査官たちだ。「FAAがただのゴム印に成り下がる」「人が死んでからでしか介入できなくなる」。検査官らの労働組合PASS（Professional Aviation Safety Specialists）は法改正に反対し続けた。しかし、ボーイングの政治力を前に、現場の検査官は無力だった。業界のロビイストは、安全検査官の人事評価にまでメーカー側が関与する仕組みを提案していたという(2)。

737MAXが最初の墜落事故を起こしたのは、トランプのサインで改正法が成立してから3週間後のことだった。737MAXの認証は、法改正前のルールに基づくものではあった。しかし、連続事故で「セルフ認証」に近い実態が明るみに出たことで新法への疑念も深まっていく。

ボーイングに支配され、地に落ちた士気

FAAが自ら審査できる項目でも、ボーイングから独立した判断を下せているのかは怪しい。検査官らの労働組合PASSで法改正当時に会長だったマイク・ペローンは訴える。

「FAAは規制当局なのに、力がない。私たちは完全にボーイングに支配されている」

検査官が問題に気づき、それを指摘しようものなら、ボーイングがFAA上層部や有力政治家に働きかける。検査官は審査から外され、後任には「物分かりの良い」検査官が充てられるのだ

とペローンは言った。

「私がスピード違反をして警官に切符を切られるとしよう。だからといって警官の上司に電話し、『警官に意地悪されている』とは訴えないのが常識だ。その当然のことが、航空機産業には当てはまっていないのが悲しい現実だ」

ペローンが指弾するのは、FAA幹部とボーイングの「心地よすぎる関係」だ。FAAの上級幹部には業界出身者が就くことが多い。退任すると業界に戻る「リボルビング（回転）ドア」である。FAA幹部は検査官を守らずボーイングとの関係を優先していると、ペローンは訴える。検査官の研修予算も不十分で、最新知識はメーカーの技術者に及ばない。人手不足により、ヘリコプターの専門家が飛行機の認証に回されることもあるという。

「政治力でも、能力でも、あらゆる面で私たちは『規制のとりこ』に囚われている。検査官の尊厳は失われ、現場の士気は地に落ちてしまった」

本来なら規制される側の業界が、規制する側の当局を知識や力で圧倒し、規制を骨抜きにする。規制の便益はしばしば、規制される側の業界にこそある。それが「規制のとりこ」（Regulatory Capture）と呼ばれる問題である。シカゴ大学に在籍し、のちにノーベル経済学賞を受賞する経済学者ジョージ・スティグラーによる1971年の論文「経済規制の理論」（The Theory of Economic Regulation）(3)が整理して示したものだ。(4)

当局が業界に取り込まれる倒錯は、日本にとっても他人事ではない。2011年の東京電力福島第一原子力発電所事故をめぐり、東電と原子力規制当局の関係で指摘されたのも「規制のとりこ」の構造だった。

福島第一原発事故と地続きの構図

国会に置かれた福島第一原発事故の事故調査委員会（国会事故調、黒川清委員長）は2012年7月、両院議長に報告書を提出した。

原発事故について「何回も対策を打つ機会があったにもかかわらず、歴代の規制当局及び東電経営陣が、それぞれ意図的な先送り、不作為、あるいは自己の組織に都合の良い判断を行うことによって、安全対策が取られないまま3・11を迎えたことで発生した」と総括し、東電と経済産業省、原子力安全・保安院との関係を次のように描いた(5)。

本来原子力安全規制の対象となるべきであった東電は、市場原理が働かない中で、情報の優位性を武器に電事連等を通じて歴代の規制当局に規制の先送りあるいは基準の軟化等に向け強く圧力をかけてきた。この圧力の源泉は、電気事業の監督官庁でもある原子力政策推進の経産省との密接な関係であり、経産省の一部である保安院との関係はその大きな枠組みの中で位置付けられていた。規制当局は、事業者への情報の偏在、自身の組織優先の姿勢等から、事業者の主張する「既設炉の稼働の維持」「訴訟対応で求められる無謬性」を後押しすることになった。このように歴代の規制当局と東電との関係においては、規制する立場とされる立場の「逆転関係」が起き、規制当局は電気事業者の「虜（とりこ）」となっていた。その結果、原子力安全についての監視・監督機能が崩壊していたと見ることができる。

国会事故調は「規制のとりこ」を福島第一原発事故の「根源的原因」とみなした。市場原理が徹底しない日本の電力業界だからこその宿痾《しゅくあ》だったが、この構図は規制緩和が進んだはずのFAAとボーイングの関係とも驚くべき相似をなす。FAA内部では長く、規制対象のボーイングを「顧客《クライアント》」と呼ぶ習わしだった。もはや「とりこ」の関係が後ろめたいという意識すら、FAAには薄かったことを物語る。

FAAの上位組織である運輸省は2012年の内部監査で、FAA幹部がボーイングと癒着し、現場のFAA職員がボーイングにモノを言いにくくなっていると的確に指摘していた。運輸省による「FAAとボーイングの近すぎる関係」への警告だった。それが生かされないまま、「スイスチーズ」の穴が貫通する日が2度も来ることになってしまった。

「怖いものなし」規制当局を政治力で圧倒

1980年代以降、アメリカでは共和党・民主党を問わず「小さな政府」の流れが強まった。企業の活動を縛るFAAなどの規制当局は、格好の予算削減の標的になった。

「議会によって予算と人員が減らされ続けた結果、成果が十分でないと議員に批判される。やれ官僚制の弊害だ、やれ本来の役割を果たしていない、と。そんな組織なら、もっと予算を減らせという主張が強まり、さらに力を削られる悪循環だった」

センター・フォー・プログレッシブ・リフォームの政策アナリスト、ジェームズ・グッドウィンの解説だ。とりわけ共和党内は、政府機関にどれだけ攻撃的かを互いに競い、政治的な得点を稼ぐ文化が色濃い。

「市場がすべて知っているというイデオロギーが、共和党では絶対視されてきた。そのドグマに基づき、消費者を守るFAAなどの組織を弱体化させようという共和党の戦略は、非常に効果的だった。さらには民主党内の保守派、ときには進歩派までもが、政治的に受けが良いとみて、規制機関の力を弱める動きに加担してきた」

グッドウィンは一段と力を込めた。

「議場の両サイドが非難を浴びせる今のFAAの惨状をつくったのは、まさにその議会自身なのだ」

対照的に「規制される側」の力は増すばかりだった。やはり1980年代以降、独占を防ぐ規制は骨抜きにされた。裁判所も経営統合に「待った」をかけるのに慎重になった。M&Aが盛んになってプレーヤーが絞られ、個々の企業の規模と政治力は大きく膨らんだ。それは、官民の癒着を生む土壌となった。

巨大な防衛部門を抱え、もともと政府との関係が深かったボーイングだが、マクドネル・ダグラス買収により「国内唯一の大型旅客機メーカー」という地位も手に入れる。100人規模のロビイストを抱え、表に出ているだけで年約1300万~2200万ドルをかけたロビー活動や、民主・共和両党への政治献金は、民間企業でトップ級を維持している。

取締役会の顔ぶれからも、ワシントン対策の周到さがうかがえる。民主党から元駐日大使のキャロライン・ケネディを2017年に迎えたかと思えば、2度目の737MAX事故後の201

9年には共和党から元国連大使ニッキー・ヘイリーを招いた。両党を代表する女性の大物大使経験者が、同じ時期に取締役会に名を連ねた。大統領選ごとに接戦を繰り返してきたどちらが政権を握っても、不都合がないようになっていた。

トランプも、彼が敵視し続けた前任者のバラク・オバマも、ともに大統領在任中はボーイングの工場を訪れては「アメリカ製造業の復活の証しだ」などとリップサービスに努めた。大統領の外国訪問でボーイング製品を売り込むのは当たり前。FAAなどの弱小規制当局を政治力で圧倒するボーイングは、ワシントンでほとんど「怖いものなし」だった。

「自由市場でこそ進んだ癒着」という逆説

「ボーイングの振る舞いは、過去の事故の繰り返しだ」と言う専門家がいる。クリントン政権時代の1994〜2001年に国家運輸安全委員会（NTSB）委員長を務めたジム・ホールだ。南部テネシー州チャタヌーガの山腹にある邸宅を訪ねると、彼は過去の航空事故記録をまとめた分厚い資料を何冊もテーブルに用意して待っていた。

ホールが言う「過去の事故」も737型機のものだった。1991年にコロラド州で墜落事故が起き、NTSBは尾翼についた方向舵の設計に疑問を呈したが、ボーイングは問題を認めなかった。3年後に同じような事故が起きて132人が亡くなり、やはり方向舵に問題があるとみられたが、ボーイングはまた問題がないと主張した。その後、当局に決定的な証拠を突き付けられて初めて、問題の箇所を改修した。ホールには、737MAX事故とほとんど同じ展開に思えた。

NTSB委員長に在任していたときから、透明性に欠ける企業だとしてボーイングを警戒していた、とホールは言う。マクドネル・ダグラス合併や本社移転を経て、一段とその傾向が強まったとみる。

「極端なまでにファイナンス優先に変質したことがすべての問題の根源だ。コストをかけて規制を忠実に守るよりも、ロビー活動で働きかけ、当局を乗っ取ろうという姿勢が、以前にも増して露骨になっていった」

国家による経済への介入をできるだけ抑え、各企業が株主利益の最大化を狙って市場で自由に競争する。それが正義とされる株主資本主義の時代にあって、政府と民間企業の不透明な関係が進んだという話は、直観的にはベクトルが逆にも思える。政官財の癒着といえば「大きな政府」の専売特許であると、保守系の識者たちは難じてきたはずだ。

しかし、建前としての「自由競争」とは裏腹に、アメリカの大企業は議会や政府関係者にあるときは公の場で、あるときは水面下で働きかけることにより、規制をねじ曲げたり、自らに有利なルールを設けさせたりするのがむしろ常態化していた。

「政治マシン」化する企業、割を食う生活者

多くの人が抱く「厳しいがフェアな競争社会」というアメリカのイメージは、私の観察とは違う。

顧客の支持を得ようと競争に徹するのが本来の株主資本主義のはずだが、政府関係者や有力者

に働きかけて超過利潤や利権を得る「レントシーキング」が、いくつもの業界ではびこっていた。もっともらしい理由をつけて不合理な規制を当局に設けさせるなどし、日本企業などのライバルを邪魔する実例を、私は日本人駐在員たちから聞かされた。

規制の強化であれ緩和であれ、表向きは消費者の便益、経済全体の利益のためだと喧伝される政策であっても、現実には特定の既得権益を守るものとして機能する。「規制のとりこ」は金融、製薬、エネルギー、通信、防衛と業界を超えて幅広く観察される。エネルギー商社エンロンによる不正会計事件や、世界経済危機を招いたサブプライムローン問題は、業界の働きかけを受けて歴代政権が規制をゆがめてきた果ての悲惨な結末だった。

737MAX事故をきっかけとしたボーイングの蹉跌も、同じ文脈に位置づけられるものだ。ボーイングが「エンジニアリング企業」から「金融マシン」へと変質したのはこれまで見てきたとおりだが、その過程で「政治マシン」としての性格も強めていた。

アメリカは行き過ぎた競争が問題だとの一般的なイメージがあるが、むしろ、健全な競争が足りない領域にこそ、根深い問題が潜んでいる。そうした構造のもとでは、競争を回避したことにより、大株主や経営者に超過利潤が転がり込む。理想的な意味での株主資本主義ではないものの、短期的には株主の利益につながっているから、私たちが目撃しているのは株主資本主義の「亜種」とでもいうべきものだろう。いや、株主資本主義はそもそも、市場の寡占化を通じて、企業を「政治マシン」へと向かわせる力学が働くものなのかもしれない。

では、その陰で割を食ったのは誰か。品質に劣る商品を高い値段で買わされる消費者。不当に低い賃金で働かされる労働者。無駄な補助金の負担や銀行救済のリスクを背負わされる納税者。

不正確な情報に基づいて株や債券を買わされる一般の投資家――。つまりは、普通の生活者たちである。

アメリカをむしばむ「縁故資本主義」

おおまかには資本主義市場経済の枠内にあったとしても、特定の企業幹部や富豪が公職者と親密な関係を築き、「コネ」で利益をむさぼる経済体制はクローニー・キャピタリズム（縁故資本主義）と呼ばれる。アジアやアフリカ、ロシア、中南米の新興国や途上国によくみられる。権力者の取り巻きによる利権の独り占めが単に不公正なだけでなく、経済全体の発展をいかに妨げるのかは、政治経済学や開発学の研究テーマとなってきた。

アメリカも高みから他国ばかりを批判できないのではないか。娘のイバンカ夫婦ら親族と取り巻きでホワイトハウスの要職を固めるなど、もはやネポティズム（縁故主義）であることを隠そうともしないトランプ政権の出現は、アメリカ版クローニー・キャピタリズムのなれの果てであった。トランプは一時的に空席だったＦＡＡ長官のポストに、自らのプライベートジェット機のパイロットを充てようと画策したことすらあった。[6]

1・5兆ドルの大減税を実現させた際、トランプはレーガン政権時代の減税に匹敵する歴史的成果だと誇った。しかし、税制改革で恩恵を受けるのは、自営業者のほか不動産投資、巨額の相続、私立小学校の学費といった項目だった。他人を雇い、富が富を生むトランプ一家のような人々や、共和党への献金者たちが得をした。

一方で、雇われて働く人や、高額の住宅ローンを抱えている人、カリフォルニアなど地方税が高く民主党支持者が多い州の住民は、減税されても額が小さいか、逆に増税になっていた。トランプがその味方になると大見えを切っていた「勤勉なアメリカ人」のための税制とは、とても言えない代物だった。

レーガン減税の立案に携わったニューヨーク大ロースクールのダニエル・シャビロに解説を求めた。彼は、同じ減税といってもレーガンとトランプのそれは哲学が根本的に異なると語った。

「どんな収入であれ、等しく課税されるべきだという原理が、レーガン時代の政策の底流にあった。同じ1ドルを稼いだなら、だれでも同じだけの税金を払う。どんな人が、どう稼いだかで、同じ1ドルの価値を区別するトランプの税制とは似ても似つかない。トランプ減税は、誠実な意図のもとで設計されていないインチキ減税だ」

株主資本主義を推し進めたトランプ政権期に、むしろ縁故主義が極まったのは偶然だったと言い切れるだろうか。

動かぬFAAに狭まる包囲網

ワシントンを取り込もうというボーイングの姿勢は737MAX事故後も揺るがない。

エチオピアで2019年3月10日に2度目の事故が起きると、各国の航空当局はせきを切ったように737MAXの運航停止に乗りだす。中国は翌11日、世界に先駆けて飛行の停止を命じた。12日にかけてアジア、欧州、中東など世界の当局や航空会社が相次ぎ運航を禁じた。

12日の時点で、世界を飛んでいた737MAXの6割超が停止の対象になっていた。ボーイングが相変わらず「安全性には完全な自信がある」と主張し続ける中、おひざ元であるアメリカのFAAは動こうとしなかった。FAAトップだった長官代行ダニエル・エルウェルは12日、「これまでの分析では、システミックな性能上の問題は見られず、航空機の運航停止を命ずる根拠はない。また、他国の航空当局からも、さらなる措置を正当化するようなデータは提供されていない」との声明を出した。

そのころ、ボーイングは政権への働きかけを強めていた。CEOのデニス・ミュイレンバーグはホワイトハウスにいたトランプに電話をかけた。737MAXは安全だと主張し、運航停止を避けるよう訴え出たのだ。

トランプがツイッター（現X）に「飛行機は操縦するにはあまりにも複雑になってきている」「古くてシンプルなものの方がはるかに優れていることが多いのに、常に不必要な一歩先を求めている」などと批判めいた投稿をした後だった。

大事故を起こした企業のトップが、不利益な処分を免れようと大統領に直接かけ合う。表だってはしづらい行為のはずだが、ボーイングは悪びれる様子もなくその事実を認めた。

議会ではエリザベス・ウォーレンら野党・民主党の有力上院議員たちが「原因究明をする間は全737MAXの運航を止めるのがFAAの仕事だ」などと批判を強めていた。与党・共和党保守派の大物上院議員テッド・クルーズまでもが「航空機とその乗客の安全性を確認するまで、737MAXを一時的に運航停止にすることが賢明だ」と主張した。客室乗務員の労働組合や消費者団体も運航停止を求め、FAAへの圧力は日増しに高まった。

遅きに失した判断、崩れた信頼

旅客は、搭乗する便の機材名をいちいち調べ始めた。私もその一人だった。SXSW（サウス・バイ・サウスウエスト）の取材先オースティンからニューヨークに帰る13日昼過ぎの便を予約していた。搭乗機が737MAXではないことを確かめてチェックインした。隣の席の男性も搭乗機を調べたと言った。

「MAXだったら、便を変えていたね」

737MAXはすでに、人々が命を託せる飛行機としての信頼を失っていた。

搭乗の直前、ワシントン駐在の同僚にメールを送った。機上にいる間、何かあった場合のカバーを頼むためだ。

「ボーイング墜落にからみ、主要国ではアメリカのFAAだけが737MAXの運航禁止に踏み切っていない状態でして、あるいは圧力に負けていきなり禁止に乗り出すかもしれません。可能性は10％以下だと思いますが、その際は短く速報を出しておいていただけると助かります」

私は読みを誤った。ニューヨークのJFK国際空港に着陸すると、3時間半ぶりに電波をとらえたiPhoneにいくつもの速報が着信した。FAAがアメリカの航空会社による737MAXの運航や、同型機の領空の通過を禁じる命令を出していた(7)。「現場で新たに得られた証拠と、衛星データの精密な分析結果」に基づくとの説明だった。日本を除くほぼすべての主要国が運航を止め、外堀が埋まってからの方針転換。あまりに遅すぎる判断だった。

FAAは危うい飛行機に型式証明を与えたばかりでなく、2機目の事故後も「737MAXは安全」との建前にこだわり、乗客の命をリスクにさらし続ける失態を演じたのだ。

FAAは「判断のためのデータが不十分だった」などと弁解を重ねたが、航空法に詳しい法律学者ティモシー・ラビッチに意見を求めると、「連続した事故で340人以上が亡くなった事実こそが十分に重大なデータではないのか」とその理屈を難じた。

運航停止処分が下ったその日、ボーイングも声明を出した[8]。書き出しからいきなり「737MAXの安全性には完全な自信を持ち続けている」と断言した。ただ「念には念を入れた措置」として、米国外に納入した分も含めた全371機の運航停止をFAAに「提案した」と記していた。FAAに命じられたのではなく、自主的に判断した結果なのだとでも言いたげな文面だった。

エチオピア航空機の墜落事故を調べていたエチオピアの事故調査当局は、墜落機の飛行データが詰まったブラックボックスを、機体生産国のアメリカではなくフランスに送った。ボーイングとの癒着が疑われるアメリカ当局の調査など信用できなかったのだろう。

「政府の支配は受けない」プライドか、驕りか

新型コロナ危機は、ボーイングと政権の関係の異様さを一段と際立たせた。

世界の空港は留め置かれた飛行機であふれた。737MAXの運航停止にコロナ危機が追撃となり、ボーイングは民間機部門からの収入が途絶えてしまった。自社株買いで株主にキャッシュをはき出し尽くしており、手元資金が日に日に干上がってゆく。採用を凍結し、出張・残業も控

えさせたが、その程度では焼け石に水だった。

証券当局への届け出によると、ボーイングが金融機関との間で確保していた計138億ドル（約1・5兆円）の融資枠は、コロナ危機が始まったばかりの2020年3月13日までに全額が引き出されていた。格付け会社のS&Pグローバル・レーティングは16日、ボーイングの格付けを「Aマイナス」から一気に「トリプルB」に引き下げた。「投資適格」とされる中の最低ライン、あるいは「ジャンク債」とされる水準の一歩手前に近づいていた。

ボーイングは17日、600億ドル（約6・4兆円）規模の業界への援助を政権に求めたと発表。公的資金による直接的な支援と、融資への保証を欲していた。トランプはすかさず「ボーイングを助けなければならない。彼らの落ち度ではない」とし、支援を事実上確約した。予算に責任を持つ議会は、実質的にはボーイング向けなのにもかかわらず、そうとは明示しない「国家安全保障上、極めて重要な企業」（businesses critical to maintaining national security）に対する支援として、まずは170億ドル（約1・8兆円）を用意しようとした。支援要請から1週間もたっていない。進展のあまりの速さに、私は目が回る思いだった。

しかし、事はそう簡単に運ばなかった。

救済のかわりに一定の資本を財務省が握る条件に対し、ボーイングが抵抗しつづけたのだ。CEOのデービッド・カルフーンはビジネス番組で「株式を取得される必要はない。もし強制されれば他の手段を探るまでだ」などと語った。通常の株式の形であれ、ワラントやオプションといった新株予約権のような形であれ、支援を受ける条件として政府の影響が及ぶ余地が生じるのを、是が非でも避けようとしていた。

企業存続の瀬戸際にあって、金銭的な救済を求めても支配権だけは渡さない――。それは産業界を代表する企業としてのプライドだったのか。それとも、驕りのあらわれか。

連邦準備制度理事会（ＦＲＢ）の緊急支援により、金融市場の極度の動揺がいったん和らいだ5月、ボーイングは250億ドル（約2・7兆円）を市場から調達した。ＦＲＢが政策金利をゼロ％にまで引き下げるなか、一部社債で年5・15％という高金利を受け入れてまで、もっとも厳しい難局を自力でしのいでみせた。「資本市場や政府を通じた追加の資金調達は求めない」とも宣言し、政府からの独立を守り抜いたのだ。

将来の大統領候補が問う「政府の役割とは」

ボーイングをいかなる形で救うのか、ロビイストや議会関係者らによる駆け引きがワシントンで熱を帯び始めたころ、一人の取締役がボーイングを去った。元国連大使のニッキー・ヘイリーだった。彼女は公開書簡をＣＥＯ宛てに送りつけた[9]。

「資金繰りが厳しいのは承知している。しかし、それはほかの産業や数百万もの中小企業にも等しく当てはまることだ。景気刺激策や救済策においてボーイングがことさら優遇されたり、我々の財務状況を保証するために納税者に頼ったりすることには、私は納得がいかない。それは政府の役割ではないと、ずっと強く確信してきた」

ヘイリーはもともと、政府の役割に懐疑的な茶会（ティーパーティー）運動の高まりの中で頭角を現した政治家で、純粋な意味での株主資本主義の推進者でもあった。政府にすがろうとするボーイングの振る舞いは、彼女のポリシーとは相いれなかったはずだ。

インドからの移民の娘で、サウスカロライナ州知事を務めたこともあるヘイリー。地元にはボーイングが中型機「787」を組み立てる工場がある。そうした縁もあって取締役に迎えられたのだろう。トランプに任命された国連大使時代の外交手腕で名を売り、将来の大統領候補としても有力視されていた。

白人でもアフリカ系（黒人）でもないマイノリティーのルーツや、1972年生まれという若さ、そして女性という属性は、高齢の白人男性に支持が偏りがちな共和党の裾野を大きく広げる可能性を秘める。実際、2024年大統領選に向けた共和党の候補者選びに名乗りを上げ、返り咲きを狙うトランプに最後まで挑んだ。山場のスーパーチューズデー（3月5日）で撤退したものの、「次」へと道筋をつけた。

彼女の取締役辞任は、純粋に政治信条上だけのものではなかっただろう。瀕死のボーイングに長居して評判が傷つき、将来の可能性が狭まるのを避けたかったという思惑も透ける。ただ、そのような打算を差し引いたとしても、株主資本主義のもとで「政治マシン」化した独占企業が国家と結んだ関係について、ヘイリーが突き付けた直球の問いは今も重く響く。

第八章

フリードマン・ドクトリンの果てに

株主資本主義の理論的始祖となった経済学者のミルトン・フリードマン
(brandstaetter／アフロ)

巨大企業GMを追い詰めた若き弁護士

今から半世紀あまり前、アメリカ産業界のトップ企業だった自動車メーカー、ゼネラル・モーターズ（GM）を安全・品質問題で追い詰めるまだ30代前半の弁護士がいた。ラルフ・ネーダー。

消費者運動の先駆者として彗星のごとく現れ、のちに大統領選にも出馬するカリスマの若き日だ。

アメリカでは1960年代、GMが生産していた小型スポーティーカー「シボレー・コルベア」が操作不能となり、右へ左へと暴走したのちに横転する事故が相次いでいた。自動車の事故をめぐる問題はそれまで、不注意や危険な運転、法令違反などドライバー側の責任ばかりが取りざたされるきらいがあった。

しかし、ネーダーは全米で起こされていた訴訟の中身を徹底的に検証する。コルベアの設計そのもの、とりわけサスペンションの欠陥が一連の事故につながっていたことを調べ上げた。1965年の著書「Unsafe at Any Speed」（邦訳『どんなスピードでも自動車は危険だ』）でコルベアの構造的欠陥を告発。購買意欲をかきたてる外観デザインばかりを追い求め、安全性をないがしろにする自動車メーカーの姿勢を難じた[1]。

5・95ドルで発売されたこの本は大ベストセラーとなり、燃え上がった世論は議会や政府を動かす。翌1966年にはハイウェー安全法や国家交通自動車安全法の制定に至る。車に重大な不具合が見つかった場合には公表のうえ、無償で回収・修理を進めさせる「リコール」の制度など、製造者責任を明確にする枠組みがつくられた。車そのものの安全基準も、シートベルトの装備がメーカーに義務づけられるなど格段に厳しくなった。

効果はてきめんだった。増えつつあった人口あたりの交通事故死者数は、1960年代後半をピークに減少に転じる。日本でも、アメリカの仕組みを参考にしたリコール制度が1969年に導入された。対策が遅れていたら失われていたかもしれない地球上の万人単位の命が、1冊の本をきっかけにした世論のうねりによって救われたことになる。世界の自動車安全の向上に、ネーダーという個人が果たした役割の大きさは計り知れない。

和解金得ても追及の手緩めぬネーダー

もっとも、ネーダーは歴史的接戦となった2000年大統領選に第3党の「緑の党」から出馬し、共和党候補だったテキサス州知事ジョージ・W・ブッシュの超僅差での勝利に貢献した。まったく勝ち目がないのに出馬したことで、民主党候補の副大統領アル・ゴアが取るかもしれなかったリベラル票を、ネーダーが奪う形になったからだ。

ネーダーが出馬を控えていれば、ゴアが大統領になっていた可能性が高い。ブッシュ政権ではなくゴア政権であったなら、その後の「9・11」同時多発テロ、米軍などによるアフガニスタンやイラクでの「対テロ戦争」と称する軍事攻撃、過激派組織イスラム国（IS）の台頭といった世界史の展開は、全く違うものとなっていただろう。その意味でも、ネーダーという人物の存在がこの世界にもたらしたものの重さは例えようがない。

半世紀前に話を戻す。消費者運動の旗手として旋風を起こし始めていたネーダー。触発された訴訟の乱発を恐れたGMは、彼の社会的信用を貶めようと探偵を雇った。探偵はネーダーを尾行し、思想信条や資金の出どころ、男女関係も含めた私生活を探ろうとした。

しかし、手口があからさまだったこともあってネーダーは企みを察知し、GMを糾弾した。権勢を振るっていたGM会長はこの件で議会公聴会に呼ばれ、謝罪に追い込まれた。GMはネーダーに和解金を支払い、「宿敵」に活動資金を提供する羽目になった。

追及の手を、ネーダーが緩めることはなかった。1970年、仲間の弁護士らが「GMに責任を負わせる運動」（通称・キャンペーンGM）を始める。GM株を買い集め、公益代表の取締役を選任したり、安全・環境問題に取り組む委員会を設けたりするよう迫った。提案は株主総会では否決された。ただ、GMもこうした機運を無視できなくなっていた。社外取締役5人による「公共政策委員会」を設けるなどの対応に追い込まれた。

打ち上げられた株主資本主義の「のろし」

GMは、そしてすべての大企業は、ビジネスの「社会的責任」を果たせ――。

ネーダーと仲間たちによる運動に対抗する文脈で、その後の資本主義のありように決定的な影響を与える1本の論考がしたためられた。

「企業の社会的責任とは、利益を増やすこと」(The Social Responsibility of Business Is to Increase Its Profits)

のちにノーベル経済学賞を受賞するシカゴ大学の気鋭の経済学者ミルトン・フリードマン(1912〜2006)が、ニューヨーク・タイムズ・マガジンの1970年9月13日号に寄稿したものだ(2)。

文章全体の趣旨を、これほど簡潔に言い尽くしたタイトルもまれだろう。株主のための金もうけに集中することが経営者の唯一の責任であり、社会的な問題への対応は経営者ではなく株主自身の意思に任せるべきだ——。編集者によって「フリードマン・ドクトリン(教義)」と銘打たれた論考は、その後半世紀にわたり西側世界を席巻した株主資本主義や新自由主義の「のろし」ともいえる記念碑的な一文となった。

GMでの攻防を念頭に置いたものであることは、誌面のつくりからも明らかだった。株主総会で答弁するGM会長の写真が中央に置かれ、追及の声を上げる「キャンペーンGM」の弁護士らの写真が下部に配されていた。

ネーダー一派の圧力に屈したかのようにGMが公共政策委員会を設けた動きも踏まえ、フリードマンは、雇用の提供や差別の排除、環境汚染の防止など、企業の「社会的責任」を語りたがる経営者について「純然たる社会主義」だと徹底批判した。

今となっては極論を唱えていたと思われがちなフリードマンだが、この論考の論理展開は明快かつ周到で、ナイーブな批判を寄せ付けない迫力とニュアンスを兼ね備えていた。

企業の社会的責任とは「経営者による課税」

企業の経営幹部は、株主という依頼人（プリンシパル）に雇われている代理人（エージェント）である、という関係をフリードマンはまず確認する。

経営者はあくまで代理人なのだから、その責任とは、雇用主の望むとおりに事業を営むことである、と。病院や学校ならば雇用主の望みが金銭的利益だとは限らないが、その場合でも、経営者はあくまで雇用主の代理人であるという関係自体は変わらない。

一般的な株式会社ならば、経営者の本来の責任とは、社会や法律、倫理的な習慣によって定められたルールの範囲内で、雇用主のためにできるだけ多くの利益を上げることであるはずだ、とフリードマンは説いた。それによって増えた利益は当然、株主に帰属する。私財をどう使おうと、株主の勝手である。慈善団体への寄付を含め、株主が自分の財産を費やすことで自ら信じる社会的責任を果たすのならば、そこには何の問題も生じ得ない。

では、代理人に過ぎない経営者が「社会的責任を果たす」とはどういうことなのだろう。フリードマンは「単なる修辞でないとすれば、それは経営者が雇用主の利益にはならない方法で行動すべきだということを意味するはずだ」として、次のような例を挙げた。

インフレを防ぐという社会的な目標のために、製品価格を上げないこと。法律で必要とされている以上の環境対策を講じること。あるいは、利益を損なってでも失業者を雇用し、貧困削減という社会的目標に貢献すること。

フリードマンは、いずれの場合でも、一般的に社会的利益と見なされているもののために、経営者が他人のお金を使っていることになると批判する。もし株主へのリターンが減る場合は株主の、製品価格を上げる場合は顧客の、賃金を下げる場合は従業員の富をそれぞれ奪うことで、経営者が勝手に他人の利益に尽くしている、というのだ。

経営者が株主や顧客、従業員に事実上の「税金」を課していることになると、フリードマンは見なす。アメリカ独立戦争で掲げられた「代表なくして課税なし」からの、それは逸脱となる。いや、課税にとどまらず、税金をどのように使うかまで、経営者が独自に決めていることになる。

冷戦下、フリードマンが恐れた「不自由な未来」

私企業に雇われているだけのはずの経営者が、公職者、それも立法者と行政官、裁判官の役割を同時に果たすことになってしまう――。フリードマンはそんな論法で、経営者の権力が際限なく増大しかねないことに警告を発していた。

ネーダー一派による「キャンペーンGM」のような試みについても、フリードマンは当然厳しい批判を浴びせた。

「一部の株主が他の株主（または顧客や従業員）に対し、活動家が支持する『社会的』目的のために、その意思に反して寄付をさせようとする企みだ」

1970年といえば、デタント（緊張緩和）に入りかけていたとはいえ、東西冷戦のまっただ中である。フリードマンから見た「社会的責任」とは、市場メカニズムではなく政治メカニズムによって資源の配分を決める、社会主義に通じる極めて危険な発想だった。

経営者には自社のビジネスを見通す力はあっても、社会的問題に対する知見まで優れているとは限らない。それなのに、経済的な資源をどこから召し上げ、社会のどこに配分するかの権限を、民主的な手続きを経ないまま独り占めしてしまう。

「社会的責任」の名のもとに自由が損なわれ、人間社会のあらゆる側面が政治メカニズムに覆われていく未来を、フリードマンは恐れていた。

フリードマンは論考の結語でも、「ビジネスの社会的責任はただひとつだ」とし、1962年出版の主著『資本主義と自由』の一節を引用して念を押した。

「ゲームのルールの範囲内にとどまる限り、つまり詐欺や不正を行わず、自由で開かれた競争を行う限りにおいて、その資源を利用し、利益を増大させるための活動に専念することである」

経営者はあくまで株主利益に尽くすべきだという株主資本主義と、経済的資源の配分は政治ではなく可能な限り市場メカニズムによって決するべきだという市場原理主義。フリードマンのなかでその二つの「主義」は、車の両輪のように分かちがたく結びついていた。

「政府の規制は過大か否か」ネーダーとの直接対決

法律など「ルールの範囲内」での競争が大事だとしつつも、具体的にどんなルールなら望ましいのかについては、この論考では踏み込んでいない。フリードマンは無政府主義者ではないものの、規制そのものの最小化が望ましいと考えていた。

フリードマンとネーダーは「政府の規制は、多すぎるか、少なすぎるか」という題目で直接、意見を戦わせたことがある。1979年のイベントでのやりとりだ。

「是正されるべき悪がないわけではないが、政府の行動はほとんど必ず、問題を是正するどころか悪化させる」とし、政府の肥大化に警鐘を鳴らしたのはもちろんフリードマンだ。

「個人ではなく政府が意思決定し、私たちすべてが国家の監視下に置かれてしまう」

政府の官僚は、たとえばサリドマイドのような有害な薬を承認すれば「全国の新聞の1面に名前が載る」。しかし、有益な薬の販売を認可せずに1万人の命が失われたとしても、救われたかもしれない人たちはもうこの世には存在せず、官僚が非難されることはない。よって、官僚は良い製品を承認しない方向に傾くことが自分の利益となる。「政府の失敗は、権力がより集中しているため、市場の失敗よりもはるかに深刻なのだ」と説いた。

政府による恣意的な規制ではなく、市場での競争によって出来の悪い生産者を駆逐すべきだというフリードマンの主張を、ネーダーは一蹴した。

「1万5千もの部品からなる自動車では、公害防止や安全性の観点からどのメーカーのどの車種が良いのか、消費者が賢く選ぶのに必要な情報など得られない。常に危険な車を生み出しているメーカーがやがて売れなくなるかもしれないという事実は、特定のメーカーが持つ極端な危険性のせいで墓場や病院に送られた人々には何の救いにもならない」

「資本主義の黄金期」礎を築いたニューディール

ここで確認しておかなければならないのは、フリードマンのような考え方は1970年当時、必ずしも財界や経済学界の主流ではなかったということだ。

ニューヨーク・タイムズ・マガジンの論考で彼は、「社会的責任」を説く主流派経営者たちについて「過去数十年にわたって自由社会の基盤をむしばんできた知的な勢力に、気づかないまま操られている人形」であると揶揄していた。フリードマンが敵視した「勢力」とは何か。さらにもう半世紀ほど、歴史をさかのぼる必要がある。

第一次世界大戦後の復興需要を享受したアメリカ経済は、1920年代に入ってさらなる熱狂の時代を迎える。自由放任の経済体制のもと、不動産、そして株式への投資は「買いが買いを呼ぶ」バブルを膨らませた。しかし、1929年10月24日の株価大暴落「暗黒の木曜日」を機に、狂騒の20年代はあっけなく終わる。

大恐慌が、アメリカと世界を襲った。社会不安が渦巻く欧州大陸ではファシズムが台頭した。大恐慌による深刻な打撃を免れたスターリン体制下のソ連は「5カ年計画」を進め、社会主義の影響力も増していた。

とことんまで自由を突き詰めた結果、社会やコミュニティーが傷つけられ、その反動として自由そのものが損なわれてゆく皮肉は、ちょうど1世紀後の今、私たちが目撃している世界の動揺とも通じるものがある。

アメリカは、ファシズムでも社会主義でもない道を選ぶ。1933年に発足した民主党のフランクリン・デラノ・ルーズベルト政権は、資本主義そのものの立て直しに活路を見いだした。暴走しかねない市場を、公共事業・社会保障への財政支出や、労働者や預金者を保護する規制によって一定程度コントロールする。そうして内需を維持し、経済社会の安定を取り戻そうとした。「ニューディール」（新規まき直し）として知られる政策体系だ。

大恐慌という圧倒的現実への対処を次々に迫られただけに、ルーズベルトの政権構想や経済政策は、最初から一貫した理念やイデオロギーに支えられていたわけではない(3)。アメリカ経済の本格的な回復は第二次世界大戦を待たなければならず、ニューディール政策がどの程度大恐慌の克服に寄与したのかも、議論が分かれるところだ。

ただ、ニューディール政策が国家と市場の関係を再定義し、瀕死だった資本主義体制の延命につながったことは間違いない。

英国の経済学者ジョン・メイナード・ケインズが『雇用、利子及び貨幣の一般理論』で打ち出した「有効需要」などの考え方と、核心のところで共鳴する政策体系でもあった。とはいえ『一般理論』の出版は1936年であり、ニューディールという現実が先行していたことになる。

ニューディール体制では、民意の一定の支えがあったとはいえ、連邦政府と官僚、一部の専門家が権力を振るった。フリードマンからみれば、ニューディール体制を推し進めた「知的な勢力」はまさしく、「自由社会の基盤をむしばむ」ものだった。

大戦末期の1945年にルーズベルトが死去した後も、ニューディールは推進力を保った。共和党のドワイト・アイゼンハワー政権期（1953〜1961年）も例外ではない。金融規制や預金保険、年金、最低賃金、労組の保護。むき出しの資本主義に修正を加えようとニューディール期に産声を上げた制度群は、20世紀半ばの繁栄の礎をなした。

とりわけ1950~1960年代のアメリカは「資本主義の黄金期」とも呼ばれる栄華を謳歌した。大企業は従業員や取引先、地域社会との長期的な関係を大事にした。株主はいくつもいる会社のステークホルダー（利害関係者）の一つに過ぎなかった。労働組合が力を持ち、生産性の向上と軌を一にするように働き手の給料も増えた。経営者と社員の収入格差、そして社会全体の資産格差も、今よりもだいぶ小さく抑えられていた。

失速する成長、逆回転する歴史の歯車

ジョン・F・ケネディの暗殺に伴って大統領に昇格した民主党のリンドン・ジョンソンは、「偉大な社会」（Great Society）構想のもと、財政の悪化をいとわず貧困削減と福祉の拡充を進めようとした。

しかし、歴史の歯車はフリードマン・ドクトリンがしたためられた1970年ごろを境に、逆回転を始める。ジョンソン政権がエスカレートさせたベトナム戦争の泥沼化で、社会と経済が疲弊したことがまずは大きな契機となった。福祉への支出拡大は世論の支持を得られなくなっていた。

共和党リチャード・ニクソン政権が1971年に踏み切った金・ドルの交換停止（ニクソンショック）により、自由貿易を進めつつも国家による資本統制を認めていたブレトン・ウッズ体制

が崩れ去る。ドルを基軸とし、アメリカが絶対的な覇権を握っていた戦後の世界経済秩序は大きく揺らいだ。

決定打は1973年と1978年に起きた2度の石油危機（オイルショック）だった。マクロ経済学者ロバート・ゴードンが「人類史で1度きり」と表現する19世紀後半から続いた生産性の劇的な改善に急ブレーキがかかる。(4) 人類はすでに自動車も飛行機もエアコンもテレビも手にしていた。手の届くところに実ったフルーツ、つまり、投資に対して高い利潤を見込めるフロンティアが、実物経済ではほぼ消滅したことを意味していた。

失速した経済を財政拡大と金融緩和で浮揚させようとしたツケとして、物価高が各国を襲った。日本でいう「狂乱物価」である。物価上昇（インフレーション）と不況（スタグネーション）が同居する「スタグフレーション」は人々を苦しめた。

それは熱病に冒された人間が、体をうまく動かせずにいる状態にも似ていた。人体に栄養を流し込み、全身に運動をさせて体温を高めようというケインズ型の経済政策では、新たな現実に対処しきれなくなった。代わって力を得たのが、病人に汗をかかせることで熱を冷ます、フリードマン型のマクロ政策だった。(5)

ミクロレベルでも、アメリカ企業の国際競争力と利潤の低下が深刻になり、それを打破しようと、企業の自由度を極限まで高めようという考え方が勢いを増した。

フリードマンは1976年、「消費分析、貨幣の歴史と理論、安定化政策の複雑さを示した功績」により、ノーベル経済学賞を受賞する。(6) 長く劣勢を強いられてきたフリードマン型の思潮は、無数の「人形」を操る側へと攻守が入れ替わった。

「株主の利益こそすべて」が支配的価値観に

金融大手シティグループの元CEOジョン・リードが銀行業界で仕事を始めたのは1960年代半ばにさかのぼる。そのころ、銀行にとっての利益とは「顧客の役に立つ仕事をして、期末に『結果』として手元に残っているもの」だったという。利益の目標を事前に立てることはなく、利益は経営の重要な指標ですらなかった、とリードは回顧する。[7]

1970年代から1990年代にかけて価値観の転換が起きる。投資家の圧力が強まり、利益と株価を上げておかなければ銀行自身が敵対的買収の脅威にさらされるようになった。「株主のための利益こそすべてであり、株主に尽くせば経営者も超高給取りになれる、と言われ始めた。経営者の報酬は、以前なら労働者に比べておのずと『天井』があったが、制限は取り払われた。経営者報酬は株主利益に直接ひもづくべきだという考え方がまずは金融業界を支配し、昔なら大して目立ちもしなかった金融の仕事が、とんでもない高給業種へと脱皮した。そして株主価値という概念がほかの幅広い産業へと浸透していった」

フリードマン・ドクトリンに、なお対抗しようという勢力もあった。

「経営プロフェッショナルの目的とは、顧客、株主、労働者、そして社会に奉仕し、ステークホルダーの異なる利益を調和させることである」

世界中の政財界トップがスイスに集う「ダボス会議」で知られる世界経済フォーラム（WEF）を創設した経済学者クラウス・シュワブは1973年、そんな宣言を発表した。のちに「ステークホルダー資本主義」と呼ばれる考え方の原型だった。

オンライン取材に応じたシュワブは、勃興していた株主第一主義を退けた理由を「単純な観察に基づくものだった」と語った。

「企業はただの経済単位ではなく、社会に埋め込まれた有機体、つまりは社会の細胞のようなものだ。ならば経済的な義務を負うだけでなく、社会的な責任も有しているはずだ。重要なのは、当時多くの企業がこれを実践していたということだ」

しかし、その後の世界で実際に幅をきかせたのは、株主第一主義の方だった。

「私のこれまでの50年間は、ミルトン・フリードマンと、彼のドクトリンとの戦いだった」

解体されるニューディールの遺産

市場メカニズムの徹底と株主利益を絶対視するフリードマンの思想は、支配的な価値観としてビジネスリーダーや政治家、知識人らに受け入れられてゆく。法令や判例、慣行となって西側世界に浸透した。イギリスではサッチャー政権（１９７９〜１９９０年）が、アメリカではレーガン政権（１９８１〜１９８９年）が、まずはその推進役を担った。

何よりも重んじられたのは「個人の利益」であった。経営者の倫理や自律、あるいは「公共の利益」などという考え方は、まるで幻想であるかのように扱われた。政府は、それが政府であるという理由だけで、忌み嫌うべき対象として認識されるようになる。

ニューディール期に起源を持つ制度の多くは解体されるか、形だけ残して骨抜きにされた。規制緩和や減税が推し進められ、防衛予算が膨らむ一方で公共事業や社会保障への財政支出は削られた。モノや資本の移動を妨げる障壁は、次々に取り払われる。

自社株買いの解禁などで株主還元が重視され、独占禁止規制が緩んでM&Aが活発になった。企業は市場で売買される「モノ」としての性格を強める。買収される企業の収益力や資産を担保に、借り入れで元手を膨らませて買収する「レバレッジド・バイアウト」(LBO)が大流行する。

株主以外のステークホルダーは地位が格下げされ、とりわけ労働組合は弱体化させられた。レーガン政権が1981年の発足直後、ストライキを起こした航空管制官を解雇する強硬措置に踏み切ったのは象徴的な事件だった。

リベラル派とみなされた政党・政権であっても、その流れから自由にはなれなかった。民主党クリントン政権(1993〜2001年)下では、銀行と証券の分離を定めた1933年銀行法(グラス・スティーガル法)の一部が廃止された。これが過剰なリスクテイクを許し、サブプライムローン危機とリーマン・ショックの遠因となったことはよく知られる。

産業界では、レーガンの大統領就任と同じ1981年にゼネラル・エレクトリック(GE)のトップに就いたジャック・ウェルチが、フリードマンを意識していたかどうかは別にして、M&Aとリストラ、自社株買い、さらには会計の技術を駆使して株価の引き上げに邁進した。

アメリカの政・官・財・学にわたる指導的なポジションは、フリードマンら徹底した自由主義を唱えるシカゴ学派の「操り人形」で占められるようになる。

犠牲者にいたネーダーの親族

フリードマン・ドクトリンから半世紀を経て、株主資本主義を体現する企業の一つとなったのがボーイングだった。何よりも株価の上昇を重んじる歴代経営者の判断が幾重にも積み重なった末、２機の７３７ＭＡＸが墜ちる。

アディスアベバ郊外に散ったエチオピア航空３０２便の犠牲者のなかに、国際公衆衛生に携わるＮＧＯのスタッフがいた。

サムヤ・ストゥモ、享年24。あのラルフ・ネーダーの姪の娘（大姪）だった。

コネティカット州で暮らしていた幼い日、２歳の弟を病で亡くした。その経験が、彼女を公衆衛生の道へと歩ませる。デンマークの大学院で修士号を取り、途上国に医療を広げる在ワシントンのＮＧＯに職を得た。事故に遭ったのは、東アフリカ事務所を開く任務を帯び、ケニアへと向かっていた時だった。

旅立ちの前夜、彼女はネーダーと食事を共にしていたという[8]。私は80代半ばになっていたネーダーに取材を申し込んだ。現役の社会運動家として多忙を極めており、対面でのインタビューは都合がつきにくいが、電話でなら話せるという。

「もはやエンジニアリング企業ですらなく、株価と配当、そして役員報酬にしか関心のない連中が支配する会社が起こした、許されざる事故だ」

株主資本主義に乗っ取られたボーイングへの非難を、ネーダーは電話口でまくしたてた。事故の大きな構図を、彼はまずおさらいした。

「とんでもなく古い機体に大きなエンジンを取り付けて機体の重心が変わり、空力安定性についての伝統的なデザインから大きく逸脱した。この飛行機は本質的に不安定だったのだ。ソフトウエアによる補正を必要としたが、それをマニュアルにも載せず、パイロットの訓練が必要なことも告げず、ＦＡＡ（アメリカ連邦航空局）をも蚊帳の外に置いた。隠蔽《いんぺい》と不作為。なんと典型的なパターンだろう。安全に関する全てのステップで、ボーイングは誤った判断を重ねたのだ」

ゴーンを訴追した日本に「アメリカも学べ」

ボーイングが規制の骨抜きを図ってきたことを、ネーダーは「それこそが、ボーイングを支配していた文化なのだ」と断じた。

一方のＦＡＡは以前から「墓石精神」だと批判されてきた。墜落事故が起きて人が亡くなり、多くの墓が建って初めて重い腰を上げる、という意味だ。しかしネーダーは、１機目が墜ちた後もＦＡＡが行動しなかったことに「もはや墓石ですら彼らを動かさなくなってしまった」と嘆いた。

２機目が墜ちてなお、ボーイングが「安全性には絶対の自信がある」と言い張っていたことに、ネーダーはとりわけ憤っていた。

「新型機の連続事故で３４６人を殺しておいて、よくもまあ、そんなことが言えるものだ。日産のカルロス・ゴーンを訴追した日本の企業犯罪をめぐる法律に、アメリカも学ぶべきことがたくさんあるはずだ」

日産自動車の代表取締役会長だったゴーンは２０１８年11月、自身の役員報酬を実態よりも少なく有価証券報告書に載せた金融商品取引法違反の疑いで、東京地検特捜部に逮捕されていた。翌12月、法人としての日産とともに起訴された。一連のニュースは、アメリカでも大々的に報じられていた。

ネーダーには、自動車だけでなく航空安全についての著書もある。アメリカ産業全体の株主利益偏重と安全軽視、そして倫理の欠落に、何十年も警告を発し続けてきた。

「ボーイングはこれから代償を払うだろう。遺族、航空会社、そして株主からも、ありとあらゆる訴訟が起こされる。航空会社との契約は、キャンセルの山が積み上がる。力をつけてきた中国の航空機産業との競争も、条件が悪化していくだろう。ボーイングの負担は最終的に、ウォール街が今推計するものよりも、はるかに巨額になるに違いない」

ネーダーに話を聞いたのは、７３７ＭＡＸの2度目の事故から2カ月ほどたったころだった。彼の見立て通り、事故にからんだボーイングの経済的損失はその後、当時のアナリストたちの目算を遥かに超えて、数兆円規模へと雪だるま式に膨らんでいく。

「そもそも、遺族として私たちが求めるのは、単なる償いなどではない。事故を招いた構造そのものの転換だ」

株主価値をも損なったトップの安全軽視

自らの落ち度をはっきりとは認めず、不利な事実が明るみに出るたびに「防衛ライン」を少しずつ後退させていたボーイング。FAAと口裏を合わせたかのように「認証の手続き自体は法令に従っていた」という形式論で逃げ切ろうとしていた。

「私は彼らと一緒に航空安全を高めるための仕事をしてきた。だから、ボーイングには何千人もの際立って優れた人材がいることを知っている。熱心に航空安全に尽くす部署が、確かにそこにあったことも」

ボーイング機事故の調査を指揮した経験がある国家運輸安全委員会（NTSB）の元委員長、ジム・ホールはそう言った。

「だが、安全はトップに始まる。あくまでも安全をとるのか、安全を妥協して利益をとるのか、最終的に判断するのはトップだからだ。1960年代に設計・認証された飛行機を引き伸ばしたり、ひん曲げたりして使い回す。自社の利益や株価を、顧客の安全よりも優先させるそんな決定をトップがすれば、結局は事故を起こしてすべてが崩壊する」

「9千メートル上空を飛ぶ航空機であれば、安全を絶対的に優先しなければ、そのツケはボーイングのように200億ドルを超す損失として自らに返ってくるのだ。そして、ビジネスでもっとも大事な信用まで、地に落ちることになる」

ボーイングは連続墜落事故と新型コロナ危機によって経営が傾き、2023年まで5年連続で最終赤字を計上した。赤字の総額は約240億ドル（約2・8兆円）。株価は一時、3分の1以下に急落した。のちにやや回復したものの、それでも事故前の半減以下と低迷が続く。時価総額にして1300億ドル（約16兆円）以上が吹き飛んだ計算だ。2020年春以降は、株主への配当も払えていない。少なくとも建前では株主価値を重んじていたはずの歴代経営者の判断は結局、肝心の株主の利益すら激しく損なった。

クビになったCEOには「黄金の落下傘」

人間にとって想像しうる最悪の恐怖のただ中で、肉体を打ち砕かれて一生を終えさせられた346人の乗客と乗員たち。ある日突然、人として考えうる最も深い喪失と悲しみを背負わされた遺族たち。彼ら彼女らが最大の被害者であるのは言うまでもない。まったく比較にならないが、運航停止と納入遅れで機材繰りに支障をきたして損失を被った航空会社や、生産停止のあおりで職を失ったり仕事が減ったりした働き手、そして株価下落に見舞われた投資家たち。彼ら彼女らもまた、ボーイングが重ねてきた過ちの代償を、それぞれの立場で払わされた。

実に対照的な人物がいる。

737MAX事故後の対応のまずさで、2019年末にCEO職を解任されたデニス・ミュイレンバーグだ。ボーイングを去るにあたり、通常の報酬とは別に、推定約6千万ドル（約65億円）超を受け取る権利を得た。退職金やボーナスは事故後に没収されたり辞退したりした。それでも株式や年金など「契約上、権利のある手当」だけでその金額だったという(9)。

権利を現金化する時点の株価などで金額はさらに上下しうる。その後のボーイング株の下落で、彼の取り分も目減りした可能性がある。それ以上の減額は契約違反となり、ミュイレンバーグに訴えられる恐れがあったのかもしれない。

ただ、事故をめぐってクビになったCEOに、巨額のゴールデン・パラシュート（黄金の落下傘）が用意されていたという事実は動かしがたい。ボーイングが当時、遺族向けの「経済的支援」として用意したのは計5千万ドル。経営に失敗したCEO1人に与えられた最低限の「手当」の方が、300人超の遺族向け支援より多かったことになる。

「米国はその他全員には資本主義なのに、富める者にとっては社会主義だ。メリー・クリスマス！」

年末にもたらされたニュースに、クリントン政権で労働長官を務めた経済学者のロバート・ライシュは、ツイッターでそう皮肉った。

トランプ台頭を招いた不条理は今も

経営にしくじったり不始末を起こしたりして解任された企業トップに、日本円にして数十億円単位、時には100億円以上もの「黄金の落下傘」が与えられる。アメリカでは、おなじみの光景というほかない。

2007〜2009年、信用ランクが低い人向けのサブプライム住宅ローン問題は世界的な経済危機に発展した。そのさなか、危機の原因をつくり出したウォール街の大手金融機関は、リーマン・ブラザーズなどごく一部を除き、軒並み政府の助け舟で命拾いした。

彼らは文字通りの暴利を得た揚げ句、不動産市況の急落に伴って保有する金融商品の損失が膨らむなどし、またたく間に経営に行き詰まった。しかし、大銀行を次々に潰せば、金融システムが麻痺して経済はさらに大混乱してしまう。経済全体が人質にとられる形で、政府と中央銀行は救済を迫られた。「大きすぎて潰せない」（too big to fail）とばかりに、納税者の公金がリスクにさらされた。

1980年代後半以降、アメリカでは貯蓄貸付組合（S&L）と呼ばれる小さな金融機関が相次ぎ破綻する金融不安が起きた。S&L危機では経営者ら千人以上が起訴された。しかし、リーマン・ショックは違った。S&L危機とは比較にならない辛酸を世界にばらまいた大銀行の経営者は、だれひとり刑事責任を問われなかった。それどころか数億〜数十億円の退職金やボーナスを与えられ、一段と肥え太って会社を去っていった。

対照的に、職を追われたり、家を失ったりした1千万人超に対する支えは貧弱だった。「航空会社に勤めていた父さんはクビになって住宅ローンを払えなくなった。僕ら一家は、全員が家から追い出された」

2019年7月4日の独立記念日、イベント「社会主義2019」をシカゴで取材したときのことだ。コロラド州在住だという青年に会場で話しかけると、彼は左派運動にかかわる「原点」を語り出した。

「僕らをそんな目に遭わせたウォール街の連中は退職金をせしめ、海を見渡す豪邸で悠々自適の引退暮らし。資本主義を、そしてアメリカの今の仕組みを信じられないのは、あの体験が根っこにあるからだ」

この時代の「強きを助け、弱きをくじく」かのような不条理は社会に深い傷痕を残し、のちのトランプ・サンダース旋風につながる左右両極のポピュリズム台頭を招くことになる。

東芝を破綻に追い込んだ人物の高額報酬

私がアメリカに駐在していた4年間だけでも、似たような話は絶えることがなかった。

東芝が買収した原発子会社のウェスチングハウスは、2017年に連邦破産法11条（チャプターイレブン）を申請して経営破綻した。その直前、経営責任を問うためとして、会長だったダニー・ロデリックを解任した。しかし、最後の1年間に彼に1935万ドル（約22億円）を支払っていたことが、裁判資料で明らかになった。この金額に、ボーナスや退職金が含まれていたかどうかは不明だ。

拡大路線をひた走ったずさんな経営の揚げ句、巨額の損失を出して自社を破綻に追いやり、株主・東芝の存続をも揺るがす事態を招いた当の最高幹部である。彼は、破綻の原因となった原発建設をめぐる損失を小さく見せようと「不適切な圧力」を部下にかけた疑いまでかけられていた。その結果、東芝は2度にわたって決算発表の延期を余儀なくされ、上場企業としての信頼を損なう失態を演じていた。

東芝危機を招いた「主犯格」に近い人物が、まさにその危機のさなか、自らはしっかり高額の報酬を受け取っていたということになる。ロデリックの報酬についてごく短い記事を書きながら、私は、ウェスチングハウスのしくじりで1兆円超の損失を背負い込んだ東芝の、とりわけ現場の社員たちが置かれていた先の見えない苦境を思った。

経営者報酬のあり方は、それぞれの企業の本質と価値観を色濃く映し出す。

安全や次世代への投資を軽んじても、会計操作に手を染めたとしても、在任中の株価さえ上がれば報われる。そのツケが何年も後になって重大な事故や競争力の低下という形で株主や従業員、顧客、そして社会に損害をもたらしたとしても、とっくの昔にリタイアした経営者にはもう関係がない。たとえばそのような報酬体系のもとで、もはや倫理による自律を期待できなくなった経営者がどう行動するのかは、ボーイングの例を見るまでもなく明らかだ。

経営者の巨額報酬問題に私が強くこだわるのは、それがアメリカ型資本主義の現在地を端的に示していると考えるからだ。

フリードマンが思い描いた純粋な株主資本主義ならば、経営者は株主の利益に尽くし、あくまでその成果に応じて分け前を得るはずだ。しかし、アメリカ企業に広がっている現実は違う。株主利益の最大化を建前では掲げつつ、実態としては「経営者利益の最大化」が追求されてはいなかったか。

「株主と経営者の利益の一致」は幻なのか

話をもう一度だけ、大恐慌からの回復にもがいていた1930年代に戻したい。

ケインズがマクロ経済学の基礎となる『一般理論』を著したこの時期、企業統治論でも一冊の古典が生まれた。大統領選に挑んだルーズベルトのブレーンで、ニューディール政策の立案に携わった法律家アドルフ・バーリが、やはりニューディールに参画した経営学者ガーディナー・ミーンズとともに著した『現代株式会社と私有財産』だ[10]。

巨大化する株式会社の実態を調べたところ、株主は薄く広く大衆に分散してしまっていた。大衆株主は配当ばかりを気にかけ、経営自体への関心も能力も欠く。複雑になった会社を実際に支配しているのは、内部情報を知り尽くした専門経営者だった。バーリ＝ミーンズの「所有と経営の分離」として広く知られる考え方だ。

だとすると非常に厄介な問題が生じる。代理人《エージェント》である経営者が、善人だとは限らないからだ。依頼人《プリンシパル》である株主のために忠実に動き、財産をしっかり管理してくれる保証などない。経営者が自身の利益や権限の拡大、名声の獲得に励んだり、いいかげんな経営で株主の財産を損なったりしてしまうかもしれない。経営学などで「プリンシパル・エージェント問題」「エージェンシー問題」と呼ばれる利害対立である。

この問題に対しては、たとえば、経営者を法的に縛るアプローチが判例や立法を通じて確立されてきた。大企業の登記が多い東部デラウェア州の会社法は、取締役が「会社及びその株主に対して忠実義務及び注意義務を負う」と定める。これに反すれば株主から訴えられる可能性があり、経営者に一定の規律をもたらすことになる。

一方、株主資本主義の時代に勢いを得たのは、法という国家の力ではなく、市場の力を使ったアプローチだった。経営者に株式やストックオプションの形で報酬を与え、株主と経営者の利害を一致させる。経営者が貪欲に私的な利益を追求すれば、それが株主利益にも直結するという筋書きだった。分離した「所有と経営」を、再び結合させようとしたのだ。

最初から経営者に倫理や自律など求めないシステムを突き詰めた結果、実際に何が起きたのか。会計操作に手を染めたり、会社の財務を痛めたり、あるいは社会や環境に悪影響を及ぼしたりしてまでも、目の前の株価を上げることに躍起になる経営者が続出した。

アメリカの経営者が得る巨額報酬は、常識的に考えてアンフェアではないかという疑問にとどまらず、経営者が株主や会社、そして環境や納税者を食い物にする誘因として機能し、リーマン危機のように社会に広く害をなしうるからこそ問題にされるべきなのだ。

経営に失敗しても退職金250億円

権力は持つが、責任はあいまい——。バーリ＝ミーンズの時代から問題となってきた「経営者支配」は、株主が経営者から「主権」を取り戻したはずの株主資本主義の時代でも、アメリカ経済社会の宿痾であり続けた。

やはりというべきか、ジャック・ウェルチ門下のGE出身者たちが失敗した際の「お手盛り」ぶりが、ここでも非常に参考になる。たとえば、ロバート・ナルデリの例だ。ウェルチの後任CEOの座を最後まで争った3人のうちの1人である。

ナルデリはCEOレースに敗れたことを伝えられると、「私には何が足りなかったのでしょうか」と納得がいかない様子だったという。ウェルチは励ました。(11)

「君は超一流のＣＥＯになることはまちがいない。ＧＥのほかに君を待ち望んでいる大企業があるはずだ。君を迎え入れられる企業は幸せだ」

ナルデリはホームセンター大手のホーム・デポＣＥＯに転じた。小売業の経験などなかったナルデリは幹部を丸ごと入れ替え、リストラを断行した。地域ごと、店ごとに売り場づくりの裁量を与えられ、家族的な経営で知られた同社は、中央集権型の組織へと変質する。忠誠心を持って働き、スキルを高めてきた社員たちは、パート従業員に置き換えられた。ナルデリは品切れもいとわず在庫を絞らせ、取引先には価格の切り下げを迫った。自分を後任に選ばなかったのは誤りだとウェルチに認めさせようとしたかのように「改革」を推し進めた。

しかし、結局は顧客サービスの低下や取引先離れを招き、肝心の株価も低迷した。累計２億４千万ドル（約２８０億円）超という報酬も問題になり、株主と対立した末、就任６年ほどでＣＥＯの座を追われた[12]。ナルデリにはもちろん、ゴールデン・パラシュートが与えられた。驚くべきことに、総額で２億１千万ドル（約２５０億円）にのぼった。

その後、ナルデリは「企業再生のプロ」として、自動車ビッグスリーの一角クライスラーのＣＥＯに転じた。しかし、傾いたクライスラーの経営を立て直すことはなかった。

それどころか、政府がクライスラー救済に動き出したのにもかかわらず、会社側は交渉の序盤でそれをいったん拒んでいる。第六章でも紹介したニューヨーク・タイムズのデービッド・ゲレスの著作によると、救済のための公的資金を経営者が横取りして会社を去ってしまう事態を防ごうと、財務省がナルデリら経営陣の報酬に制限を設けようとしたのが不服だったという。クライスラー経営陣は公的な救済ではなく、会社にとってコストがかさむ不利な条件で、民間から資金調達した。[13]

ナルデリ率いるクライスラーは結局、リーマン危機後に破綻に至り、総額125億ドルにのぼる政府の支援を受けている。

退職CEOの貴族的生活も丸抱え

フリードマン・ドクトリンに従えば代理人《エージェント》に過ぎない経営者が、依頼人《プリンシパル》である株主の資産を元手に、時にはそれを犠牲にして、もっぱら私的な権益と名声の拡大にいそしむ。ウェルチ門下生の足跡から浮かび上がるのは、アメリカ産業界のそのような実態である。

ウェルチが後任のCEOに選んだジェフリー・イメルトも、その意味ではウェルチズムの忠実な継承者だった。イメルトが社有ジェット機で世界を移動する際、万一の機体トラブルに備えるために、GEは別のジェット機をいちいち追随させていたという。[14] この組織から常識的な感覚が失われていたことを、いかにも象徴する逸話である。

ここで、総帥であるウェルチ本人の話を避けて通るわけにはいかない。彼は退職パッケージとしてGEから4億1700万ドル（約500億円）を受け取った。アメリカのCEOでも「飛び抜けた最高額」（フォーブス誌）である。経営責任を問われて辞めたわけではないこともあり、退職金額が妥当かどうかは、ここではいったん措くとしよう。

私が興味深いと思ったのは、退職後のウェルチが得ていた福利厚生の方だ。GEは「在職時と同等の会社の施設やサービスを、生涯にわたり利用できる」としか投資家に開示していなかったが、証券取引委員会（SEC）は是正を命じた。
その声明は公的文書らしい淡々とした文体を貫きつつ、すでに巨額の退職金を得たウェルチの豪勢な暮らしを、GEがなお丸抱えする姿を執拗《しつよう》に描き出していた。(15)

当委員会はさらに、ウェルチが2001年9月に退職してから1年間に、契約に基づき約250万ドルの利益を受け取ったことを認定した。これには、GE保有の飛行機を個人的目的および出張のために無制限に利用できることや、ニューヨーク市の家具付きアパート（GEによれば、2003年時点で、賃貸で月額約5万ドル、再販売価格で1100万ドルを超える価値がある）の独占利用、セキュリティ対策に習熟した専門家が運転するリムジンの無制限の利用、メルセデスベンツのリース、ニューヨーク市およびコネティカット州のオフィススペース、専門の遺産相続および税務アドバイザーのサービス、個人アシスタントのサービス、テレビ、ファックス、電話、コンピューターシステムを含むウェルチの自宅での通信システムおよびネットワーク（技術サポート付き）、自伝のキャンペーンなどさまざまな講演向けのボディーガード、自宅のセキュリティ・システムの設置、GEが以前ウェルチの他の三つの自宅に設置したセキュリティ・システムの継続的な保守が含まれる。

引退後、年740万ドル（約9・3億円）の年金を得ていたウェルチにGEが別途提供したニューヨークの「家具付きアパート」とは、セントラル・パークを見下ろす五つ星ホテル「トランプ・インターナショナル・ホテル&タワー」の一室だった。GEとドナルド・トランプが共同開発した物件である。

ニューヨーク・タイムズのゲレスによると、この部屋では生花やハウスキーピング、ランドリーサービスなども提供され、アパート分だけで月額8万ドル（約1千万円）の価値があったという。[16] メトロポリタン・オペラやマディソン・スクエア・ガーデンでのNBA観戦、テニスのウィンブルドン、大リーグのニューヨーク・ヤンキースやボストン・レッドソックスなどの賓客席、そしてニューヨーク市内の超高級レストランでの食事代なども、GEが面倒を見る定めになっていた。

ウェルチがプレーしていた四つのゴルフクラブの会費までGE持ちだった。[17]

彼が私用でも自由に使えたというGEの社有機は、小さなプライベートジェットなどではなく、旅客機にすれば100人超が乗れるボーイング737だった。飛行機のサービスだけで年間350万ドル（約4・2億円）の費用が見込まれていた。

こうした「在職時と同等の施設やサービス」の実態が明るみに出たのは、ウェルチが、インタビューに来た24歳年下の女性ライターと深い仲になったのが発端だった。当時の妻がウェルチを相手に起こした離婚訴訟で、和解金をつり上げるために夫婦の暮らしぶりを詳細に暴露したのだ。

あまりの強欲ぶりに批判が渦巻いたことから、ウェルチは結局、多くの特典について自身の負担とするようGEとの契約を改めた。

ウェルチの筆による「私のジレンマ」と題する釈明記事がウォールストリート・ジャーナルに載った。[18] 個人の食事代は自分で払っており、レッドソックスの試合は1試合しか観戦したことがない。不当な契約だと思ったことは1日たりともない。ただ、エンロンの不正会計事件などで風当たりが強まり、「人々にどう見られるか」が大事であることから契約を改める。ウェルチはそう説明したが、「この契約は有効で、GEの利益でもあった」「GEは繁栄し、私は約束を果たした」といった言葉の端々に、プライドを傷つけられた悔しさがにじんでいた。

CEOは現代に蘇った「古代の大哲学者」なのか

アメリカの経営者は、なぜ目眩を覚えるほどの額の報酬を受けられるのだろう。

株主に利益をもたらす稀有な能力と抜きん出た実績、そして重い責任に対する対価、といった理屈で主に正当化されてきた。あるCEOの任期中に株価が上がり、たとえば時価総額が50億ドル分増えたのならば、年3千万ドルの報酬ぐらい安いものではないか、というのもよくある擁護論だ。

ジョージ・メイソン大学の売れっ子経済学者、タイラー・コーエンが原書を2019年に出版した『ビッグビジネス　巨大企業はなぜ嫌われるのか』(Big Business: A Love Letter to an American Anti-Hero)は、悪役に仕立てられがちな大企業やそのCEOたちへの賛歌である。常識的な考え方を覆す、いかにもコーエンらしい一冊だ(19)。

労務や営業、財務、政治への働きかけ、テクノロジーの理解など、CEOに求められるスキルが極めて高度かつ多様になっている。コーエンはそう説明し、CEOを「古代の大哲学者」に擬することで、巨額報酬を擁護する。

「CEOほど『哲学的』な仕事はない。新しい思考を生み出して、ものごとの本質を理解する能力に関して、トップレベルのCEOは今日の世界で指折りの存在だ」

コーエンとは以前、なぜ日米欧の賃金が低迷しているのかについて、ワシントン郊外のレストランでひとしきり議論したことがある。[20] ヒラリー・クリントンとドナルド・トランプが大統領選を争う構図が固まった2016年春のことだ。クリントン優位が半ば常識だったが、コーエンは半年後のトランプの勝利をはっきりと予言していた。

先進国が直面する問題の根源は生産性の低迷であり、「労働組合の抑圧や最低賃金の低さが賃金を押しとどめている」という民主党の説明も、「減税で賃金を上げられる」という共和党の主張も、ともに支持者向けの偽りのストーリーだと断じた上で、トランプについてこう語ったのだ。

「彼は確かにウソつきだ。最も大きなウソつきだ。しかし、ほかのみんながウソをついているとしたら、それはウソつき競争になる。この競争に勝てるのは、もっとも大胆なウソをついている人。つまり、それはトランプだ」

邦訳もされた『大停滞』『大格差』など数々のベストセラーで知られる論者だけに、グローバル経済についての読み解きの鮮やかさにうならされた。しかし、世間の常識の逆を行く「芸風」にこだわり過ぎたせいか、原書の出版直後に『ビッグビジネス』を通読したとき、CEO報酬を擁護した章はいつもの切れ味に欠けるように思えた。

「哲学的な有能さ」と職責の重さが一定の高給に値すること自体は多くの人が認めるところだろう。しかし、典型的な労働者の399倍（2021年、リベラル系シンクタンクの経済政策研究所調べ）にまで膨らんだCEO報酬の水準は、「一定の高給」の範囲に入るのだろうか。1965年では20倍、1989年でも59倍にとどまっていた。[21]

株価にひもづく報酬体系が本当に企業価値の最大化につながってきたのかという「利」、つまり効率性の面でも、株主や従業員、ほかの利害関係者との配分のバランスが倫理的に望ましいのかという「理」、つまり公正性の観点からも、それは疑わしい。

乗っ取られた「フリードマン・ドクトリン」

有力な反証の一つは、これまで見たとおり、経営に明確に失敗し、株主や会社、そして社会全体に甚大な損害をもたらした人物ですら、法外な報酬を得るのが当たり前になっている現実だ。それは「能力と業績への対価」という建前が、いかに空虚なのかを物語る。

金融緩和や好景気など、主に外部環境のおかげで株価が上がっている「棚ボタ」であっても、自らの功績のごとく振る舞い、不均衡なほどの利得を私する。逆に、力量不足や判断ミスから経営に失敗したとしても、報酬はそこまで劇的には減らされない。最悪の場合クビになったとしても、ゴールデン・パラシュートが用意される。

株主という他人のカネで大きく賭けをし、当たれば不釣り合いに利益を懐に入れるが、外れれば株主と社会が損失をかぶる。分かりやすいモラル・ハザード（倫理の崩壊）である。経営にしくじって会社を破綻寸前に追い込み、尻ぬぐいに政府が乗り出す場合は、納税者にまで負担やリスクを押しつけていることになる。リーマン危機時の大銀行が典型だ。また、パンデミック初期、ボーイングがそうなりかけたように。

仮に株主の利益を増やすのに経営者が貢献したとしても、すでに約束されている何億円分もの報酬に上乗せし、追加の分け前を得るのが当たり前である現実にも、私はずっと違和感を抱いてきた。世界経済フォーラム（ＷＥＦ）の創設者クラウス・シュワブにオンラインでインタビューしたとき、彼の例え話に思わず膝を打った。

「私が手術を受けるとして、執刀医がこう言ったらどうだろう。『あなたの将来は私の腕にかかっているのだから、あなたの今後の収入の５％を報酬として私にくれ続ける場合に限って、最善を尽くします』。だれもが非倫理的で許せないと言うはずだ」

「今の経営者もこれと同じだ。『給料に加えて、利益の分け前もくれるのならば、ベストを尽くします』と言っているようなもの。それなのに、なぜか非倫理的だとはみなされていない。経営者という職業に、本来のプロフェッショナリズムを取り戻さなければ。自らの資本をリスクにさらす株主とは、明確に区別されるべきだ」

株主価値こそ至上――。フリードマン・ドクトリンを一つの起点として、そううたわれてきたアメリカの株主資本主義。しかし、現実には「株主第一」ですら隠れ蓑に過ぎなかった。株主の資産をも食いつぶす、プロフェッショナリズムと倫理を忘れた経営者の専横に堕していたのではないか。

ボーイングが招いた危機は、歴代経営者によって乗っ取られたゆがんだ株主資本主義の末路であった。

第九章

復活した737MAX、封印された責任

2019年、アメリカ議会上院で開かれた公聴会に臨む当時のボーイングCEO、デニス・ミュイレンバーグ（著者撮影）

世界と日本の空に復活した737MAX

星条旗を尾翼にあしらったアメリカン航空機が、ニューヨーク・ラガーディア空港のD1ゲートに近づいてきた。翼の上側にせり出すように押し上げられた二つの大口径エンジン。燃費を良くするため、先端が二つに枝分かれした主翼。2度の墜落事故で計346人の命を奪って以来、世界で運航が止められていたボーイング737MAXだ。

1年10カ月ぶりに乗客を乗せ始めた737MAXに2021年初め、私も搭乗した。新型コロナウイルスの感染拡大が深刻になってはいたが、ニューヨークからマイアミに向かうアメリカン航空718便の機内は、マスク姿の乗客でほぼ満員だった。

5人ほどの乗客に話しかけたが、これから乗る飛行機が連続墜落事故を起こした機種だと知る人は、ひとりもいなかった。「過去に事故を起こしているなら、安全に気を配っているはずで、むしろ安心だ」という男性もいた。航空券代は片道86ドル。復活直後の737MAXだったからか、パンデミックのさなかだったからか、需要が高まる冬季のニューヨーク―マイアミ線にしてはかなりの安値だった。

737MAXがアメリカ連邦航空局（FAA）から運航停止処分を受けた当初、ボーイングは数週間で運航を再開できると踏んでいた。事故につながった飛行制御システム「ＭＣＡＳ」を改め、パイロットの操作を優先させるなどの改良を施した。パイロット向けのシミュレーター訓練も、新たに義務づけられた。受注残の８割を占める主力機である。７３７ＭＡＸの早期再開を、ボーイングは経営の最優先課題と位置づけていた。

しかし、実際にＦＡＡが運航停止を解除したのは、事故から1年８カ月もたってからだった。ＦＡＡはボーイングとの癒着を強く疑われたため、慎重を期して審査に時間をかけざるを得なかったのだ。

ＦＡＡが２０２０年11月に運航停止処分を解除すると、欧州連合（ＥＵ）なども追随した。日本の国土交通省も２０２１年1月に再運航の申請を受け付け始めた。成田空港や関西国際空港には大韓航空やＭＩＡＴモンゴル航空、バティック航空マレーシアなど、アジア各国の航空会社の７３７ＭＡＸが飛来している。

日本に本拠を置く主要航空各社は、もともと７３７ＭＡＸを運航していなかった。しかし２０２２〜２０２３年、全日本空輸（ＡＮＡ）とスカイマーク、そして日本航空（ＪＡＬ）が、それぞれ導入を正式に発表した。日本の空で活躍する２００席程度以下の小型機はいずれ、７３７ＭＡＸが主力となっていくだろう。

新生７３７ＭＡＸは本当に安全なのか

世界に復帰した７３７ＭＡＸは、本当に安全なのか。その問いは、日本の空の安全にとっても極めて重い意味を持つことになる。

「やれることはすべてやった。100%の自信がある。もう同様の事故は起こりえない」

運航停止を解除するにあたり、事故後にFAA長官に就いたスティーブ・ディクソンはそう太鼓判を押した。元民間パイロットという経歴を生かし、737MAXの操縦席に乗り込み、認証の前提となるテスト飛行まで自らの手でやってみせた。当初の型式証明をめぐり、ボーイングも、FAAも、とてつもない失態を世界にさらした機種である。改めて重ねられた審査がそれなりに厳しかったことは想像に難くない。

しかし、遺族たちは一様に納得していない。最初に737MAXが認証されたときはもちろん、2018年にライオン航空機が墜落事故を起こした後、さらには2019年にエチオピア航空機が墜落した直後ですら、「この飛行機は絶対に安全だ」と聞かされ続けてきたのだから。

妻子4人と義母をエチオピア航空機事故で失ったカナダ在住のポール・ジョロゲは「機体の設計を一新して新たな飛行機として認証されない限り、737MAXは再び空を飛んではいけない」と訴える。事故につながったシステムを修正し、パイロットにシミュレーター訓練も義務づけたとはいえ、「機体の構造上の問題による不安定さをコンピューター制御で抑え込んでいる」という構図に変わりはないからだ。

フロリダに向けてニューヨーク・ラガーディア空港を飛び立ったアメリカン航空の737MAXは、マンハッタン上空を避けるように反時計回りに弧を描きながら、スムーズに高度を上げていった。2度の墜落事故は、ともに離陸直後に起きた。機体の姿勢が安定してシートベルトサインが消えるまでの10分ほど、私は気が気でなかった。

厳しいチェックを経て再認証された機体である。確率的には心配に及ばないことは、頭では理解していた。しかし、進行方向の左手にいつも目に入るスカイラインとセントラル・パークの全景を、落ち着いて眺める余裕はなかった。大西洋の海岸線に沿ってフロリダへと南下する途中、気流の影響なのか、何度か大きめの揺れを感じた。そのたびに手が汗で湿り、全身がこわばったことを告白しなければならない。

飛行機の着陸時は、常にささやかな安堵感に包まれるものだ。ただ、あの日マイアミ国際空港の滑走路に737MAXの車輪が触れた瞬間ほどの、緊張からの解放感を味わったことはこれまでなかった。

インフレした「罰金」で起訴を猶予

米国史に刻まれる大事件が起きたのは、出張先のフロリダに滞在していた2021年1月6日だった。大統領選の敗北を受け入れない現職大統領ドナルド・トランプの扇動を受け、暴徒が大挙して連邦議会議事堂を襲撃した。5人が死亡し、のちに1千人以上が訴追された。

アメリカ社会が騒然としていた翌7日。出先で別件の取材をしていると、一通のメールが手元に届いた。737MAX連続墜落事故の刑事責任について捜査していた司法省が、ボーイングと和解合意したというニュースリリースだった(1)。

題名には「737MAXをめぐる詐欺共謀罪に問われたボーイング、25億ドル超の支払いに合意」とあった。会社としての罰金が25億ドル(約2740億円)とは、事案の重大さを思えば生ぬるいのではないか。それが第一印象だった。

ホテルに戻って発表文をじっくり読み込み、違和感がなお膨らんだ。ボーイングが支払い義務を負う総額は確かに25億ドルなのだが、問題はその内訳だ。航空会社への補償として17・7億ドル、遺族への補償などに充てる基金が5億ドルを占めていた。これらは司法省の訴追にかかわらず、ボーイングが多かれ少なかれ負っている民事上の債務である。純粋な刑事上の罰金は、残りの2億4360万ドル（約267億円）だけだ。司法省がタイトルに掲げた「25億ドル」の、10分の1未満でしかない。

司法省の声明は「悲劇的な墜落事故は、世界をリードする民間航空機メーカーの社員の詐欺とウソを暴いた」と激しい言葉を使っていた。チーフ・テクニカル・パイロットら社員2人が重要な情報を隠し、FAAを欺いたと認定した。名指ししていないが、「社員2人」とは問題の社内メッセージが明るみに出たマーク・フォークナーとその同僚のことだ。ボーイング自身も、法廷に出した文書で、社員2人がFAAを騙したことを認めた。ただ、ボーイングという組織ではなく「社員2人がやったこと」という体だった。

そのうえで、罰金の支払いなどの条件と引き換えに、司法省はそれ以上のボーイングへの刑事訴追を猶予する、というのが和解合意の内容だった。企業犯罪の捜査でしばしば使われる起訴猶予合意（DPA＝Deferred Prosecution Agreement）という制度である。

DPAは、大企業が司法省の捜査を受けた場合に多用される。私も日米の企業がかかわったいくつかのケースで、釈然としない思いで記事を書いたことがある。企業側と捜査側の両方にとって都合が良すぎる仕組みではないかと、ずっと疑問を持っていた。

調べてみると、コロンビア大学の法学者ジョン・コフィーが、私の違和感を鮮やかに言語化していた。[2]企業側にとっては、ボーイングのように見せかけだけインフレした「罰金」を支払うことで、起訴されないまま一件落着にできる。捜査側も、法廷での全面対決に耐えうる綿密な証拠をそろえずに済み、それでいて企業に非を認めさせた「成果」を世に誇示できる。DPAにより企業側と捜査側が互いに利を得る陰で害を被るのは誰か。「透明性や真実から遠ざけられた一般国民が敗者だ」とコフィーは看破する。

この件でボーイングの代理人となったシカゴの大手法律事務所カークランド&エリスの弁護士マーク・フィリップは、共和党のジョージ・W・ブッシュ政権下の司法省で副長官や長官代理を務めていた。コフィーによると、フィリップは司法省でDPAの公式ガイド、その名も「フィリップ・メモランダム」をまとめた、その道の第一人者だった。

737MAX事故をめぐる司法省の捜査は、この和解合意で決着を迎えつつあった。

和解合意は「一片の正義も満たさない」

怒りを爆発させた人たちがいる。「ボーイング幹部を殺人罪で訴追せよ」と訴えてきた事故遺族らだ。父を亡くした英国在住のジッポラ・クリアは「737MAXに乗るたび、命を託すのはこのような人々なのだということを思い出してほしい」と訴えた。

「真の正義のために、ボーイング関係者はボーナスを得て職を退くのではなく、自らの行いについて刑事責任を追及されるべきだ。命の喪失が軽視されることなど、あってはならない。彼らの重大な過失の代償として、私たちの愛する人々は生命を支払わされた。そして私たちは、『永遠の喪失』という代償を支払わされた。今回の決定は司法プロセスの失敗を浮き彫りにし、一片の正義すらも満たさないものだ。お金を払うことで責任を逃れられるのならば、いったい何が不可能だというのだろうか」

消費者運動家ラルフ・ネーダーの大姪で、NGOスタッフだったサムヤ・ストゥモを失った父親のマイケル・ストゥモは「これはDPA（起訴猶予合意）などではなく、BPA（Boeing Protection Agreement＝ボーイング保護合意）とでも言うべきものだ」と皮肉った。

「現実に悪事を働いた人物は、ボーイングのカネによって守られ、責任を問われることはない。実際に起きたことを記録した文書は、依然として秘密にされる。司法省の検事は、遺族を蚊帳の外に置き、何が起こったのか封印するのに力を貸したのだ。罰金2億4360万ドルなどというのは、巨大企業ボーイングの財務では四捨五入の誤差の範囲であり、飛行機2、3機分ほどの価値しかない。これは、遺族を排除しながら、仲間内だけによって合意された偽りの正義だ」

「仲間内」とは、どういうことだろう。

司法省でこの和解合意を主導したのは北テキサス担当の連邦検事、エリン・ニーリー・コックス。中国への敵愾心《てきがいしん》をあらわにするトランプ政権下、中国当局が関与する経済スパイ行為への取り締まりを強める司法省のプロジェクト「チャイナ・イニシアチブ」を率いる5人の連邦検事の1人でもあった。

ニーリー・コックスは和解合意の声明文にコメントを寄せ、司法省を信頼するよう国民に訴えていた。

「この事件は明確なメッセージを送っている。つまり、ボーイングのようなメーカーが規制当局を欺いた場合、とりわけリスクがこれほどまでに高い産業であるならば、司法省は彼らに責任を取らせるということだ」

和解合意の担当検事、その華麗なる転職先

ニーリー・コックスは和解合意を発表した翌日、司法省を退職することになっていた(3)。その後、よりにもよって、司法省との和解の相手方であるボーイング側の法律事務所カークランド＆エリスに、パートナーとして迎えられた(4)。

シカゴ中心部にあったボーイング本社から徒歩10分ほどの高層ビルに本拠を構え、全米の主要都市だけでなく中国や英仏独にも拠点を展開するエリート法律事務所である。

ちなみに、当時の司法長官ウィリアム・バーも、カークランド＆エリスの出身だった。カークランド＆エリスは、バーの下の司法副長官をはじめ、司法省に何人もの弁護士を幹部として送り込み、またその退職者を受け入れてきた。共和党政権と司法界を人材が行き来する「リボルビング（回転）ドア」の代表格だった。

排ガス不正問題で米独の司法・検察当局から捜査を受けたフォルクスワーゲン。メキシコ湾で史上最悪の原油流出事故を起こした英石油会社ＢＰ。世界を震撼《しんかん》させる事件や事故の当事者となった巨大企業を代理・弁護し、有利な司法判断を勝ち取る実績を挙げてきた。

ボーイングは７３７ＭＡＸをシアトル近郊で組み立て、シカゴに本社を置き、デラウェア州の

会社法に基づいて設立されている。一方、ボーイングに欺かれたとして事件の直接の被害者となっているFAAは、首都ワシントンに本局があり、シアトル近郊にボーイング関連の仕事をする事務所を構える。バーが率いていた司法省はなぜ、事件とは直接関係なさそうな北テキサス担当検事のニーリー・コックスらにこの件の処理を委ねることにしたのだろうか。

チーフ・テクニカル・パイロットだったマーク・フォークナーが転職に伴って北テキサスに移住していたという事情が関係した可能性もあるが、和解合意に批判的な前出の法学者ジョン・コフィーは、北テキサスを担当する連邦地裁の判事、リード・オコナーの存在に着目する。オコナーは民主党オバマ政権の医療制度改革「オバマケア」を無効と判示するなど、共和党寄りの極めて保守的な判決を連発することで知られていた。ニーリー・コックスが指揮した検察だけでなく、オコナーが仕切っている裁判所も含め、北テキサスは大企業ボーイングにとって、少なくとも不利にはならない司法判断を期待できる場所だった。

この和解合意の後、検察ではなく一般市民の陪審員でつくる連邦大陪審は、フォークナーを詐欺罪などで起訴したものの、北テキサスの連邦地裁が彼を無罪としたのは第二章の終わりで見たとおりだ。その裁判は、数時間の審理だけで終わった。法廷を司った判事はオコナーだった。

家族全員を事故で失ったポール・ジョロゲの言葉だ。

「私の家族の死をめぐり、正義が実現することはもう決してない。しかし、フォークナーと他のボーイング幹部が最長の刑期に服することこそが、公共の正義にはかなうはずだ」

その訴えは聞き入れられなかった。危うい飛行機を世に送り出し、1度目の墜落事故の後も問題を伏せて737MAXを飛ばし続け、2機目の事故の後ですら運航停止に抵抗した歴代経営陣は、刑事責任については不問に付されることになった。

事故から7カ月後、遅すぎたCEOの議会証言

自らの責任を、当のボーイングの経営者たちはどう受け止めているのか。自覚とけじめがない限り、「いかなる場合も我が社は安全第一です」という幾度も繰り返された公式コメントなど何の意味もなさない。ボーイングを立て直すことにも、事故の再発防止にもつながり得ない。私はそう確信し、彼らの言動をつぶさに追ってきた。

事故時にCEOだったデニス・ミュイレンバーグは、二つ目の事故から7カ月あまり経った2019年10月末、連邦議会上下両院の公聴会にそれぞれ呼ばれた。

この種の不祥事が起きると民主・共和両党が企業トップに対し厳しい追及を競い合う議会にしては、明らかに遅すぎる証言だった。

「深く、心から申し訳ありませんでした」

上院での公聴会の冒頭、ミュイレンバーグは壇上の議員らを向いて謝罪した。「我々は過ちを犯したことを知っている」とも語り、一定の過失責任ならば認める用意がある様子だった。背後にはボーイング幹部らがずらりと並び、そのすぐ後ろの傍聴席では、犠牲者の遺影を抱いた遺族たちがミュイレンバーグを見据えていた。さらにその後方に用意された記者席の最前列に私も陣取り、議員とミュイレンバーグのやりとりに耳を傾けた。

この日の最大の焦点は、事故原因となったシステム「MCAS」について、ボーイングが事前

になんらかの欠陥を把握していたかどうかだった。

チーフ・テクニカル・パイロットのマーク・フォークナーが開発中だった737MAXのシミュレーター試験をしていたところ、MCASが突然作動し、「暴れ回っている」「実にひどい」などとメッセージを送っていた記録が直前に露見していた。フォークナーがFAAを「欺いた」との文言もあった。MCASについての記述を運航マニュアルから削除するよう、FAAに要求するメールまで見つかっていた。

共和党の有力議員テッド・クルーズは、露見したメッセージの内容が「事故機で実際に起きたことではないか」と迫った。ミュイレンバーグは、記録が存在していることは二つ目の事故が起きる前の2019年初めに知らされたと証言した。ただ、対応は部下に任せ、メッセージの具体的な内容の報告を受けたのは公聴会の数週間前だったと述べた。

メッセージの中身についても「(実機ではなく)シミュレーターの問題について伝えた」とするフォークナーの弁護士の説明を紹介し、システムの欠陥を認識していたとは認めなかった。

「謝るならこっちを向いて」声を上げた母親

議員からはFAAとボーイングの「近すぎる関係」への懸念も相次いだ。ミュイレンバーグは「その指摘には同意しない」と反論した。認証手続きがボーイング自身に委ねられている仕組みは「過去20年にわたり航空安全の向上に貢献した。我が社の高度な専門性は、認証でも価値がある」と擁護した。

証言を終え、議場から去ろうとするミュイレンバーグ。その姿を写真に収めようと、私は一眼レフのシャッターボタンに指をかけた。その時、傍聴席にいた白髪の女性が立ち上がった。

「ミスター・ミュイレンバーグ、あなたが申し訳ない（sorry）と言うときは、こちらを向いて、私たちを見てもらえますか」

エチオピア航空機事故で24歳の娘サムヤ・ストゥモを失った母のナディア・ミレロンだった。消費者運動家ラルフ・ネーダーの姪にあたる。努めて冷静にはしているが、抑えきれない感情が込められた声が議場に響いた。

ミュイレンバーグは立ち止まり、何度かうなずくようなしぐさを見せた。ミレロンの方を向き、「申し訳ありません」（I'm sorry）と言うと、そのまま部下たちを引き連れて議場を後にした。

民主党が主導した議会下院の運輸・インフラ委員会は翌2020年9月、最終報告書「ボーイング737MAXの設計と開発、そして認証」（公開版で238ページ）をまとめた。[5]ボーイングなどの60万ページに及ぶ内部文書や関係者への聞き取りに基づき、墜落事故を招いた要因や、事故後の対応の問題点を詳細に分析した優れた記録だ。

ボーイングCEOを公の場に引っ張り出すのに時間を要したとはいえ、自国の失敗と真摯に向き合い、立法府として可能な限りの調査を尽くそうという姿勢と仕組みには、私たちが学ぶべきことも多い。

ミュイレンバーグが日本円にして何十億円分ものゴールデン・パラシュートとともに会社を去ったのは先に見たとおりだ。

動いたSECは「株の国」の矜持か

そんな彼に一定の責任を取らせようと動いたのは、司法省でも警察でもFAAでも運輸省でもなく、証券取引委員会（SEC）だった。SECは、ミュイレンバーグとボーイングが投資家を欺いたとして2022年9月に訴追したのだ。SECは、737MAXの安全性について問題があると知りながら「絶対に安全だ」などと何度も公に訴えたことが、連邦証券法の詐欺防止規定に反すると認定した。

そのうえで、ミュイレンバーグが100万ドル（約1・3億円）、会社としてのボーイングが2億ドル（約260億円）をそれぞれ支払うことで、SECの主張する事実関係を認めることも否定することもなく、両者はSECと和解した(6)。

ミュイレンバーグにとっての100万ドルなど、ゴールデン・パラシュートのごく断片でしかない。ただ、SECによる訴追は、アメリカの統治機構がかろうじて最低限の「正義」を守ろうとしたのだと、私には思えた。それが投資家の利益を守るための組織だったというのも、「株の国」としての矜持なのかもしれない。

ミュイレンバーグの後任であるゼネラル・エレクトリック（GE）出身のプロ経営者、デービッド・カルフーンは、CEOへの就任にあたって再出発を誓った。

「安全文化を強め、透明性を高め、顧客や規制当局、サプライヤー、乗客の信頼を取り戻します」

しかし、就任直後のニューヨーク・タイムズとのインタビューでのやりとりは、その姿勢を疑わせるものだった(7)。

737MAXの開発にあたり、MCASの誤作動にパイロットは即座に対応できるはずだとボーイングが想定していたことを「致命的な誤りだった」と認めはした。しかし、カルフーンは即座に言葉を継いだ。「ここ合衆国のパイロットほどの経験を積んでいないパイロット」にも責任があると示唆したのだ。

では、アメリカのパイロットならば事故を回避できたと思うのか。そう記者が問うと、カルフーンは発言内容を記事にしない前提で答える「オフレコ」を要求した。記者がオフレコの条件を断ると「ならば忘れてくれ」。答えは想像がつくだろう」と言った。この期に及んでも「外国人のパイロット」(foreign pilot) を見下していたのだろう。

ボーイングの「反省」は本物か、ゲイツとの対話

2021年1月、議事堂襲撃事件の衝撃が冷めやらないまま、トランプ政権が幕を下ろした。一家がホワイトハウスを去ったのと同じ日、その様子をテレビ中継で眺めながら、私も引っ越しの荷出しをした。トランプ政権とともにあったアメリカでの4年間を終え、東京に帰る日が近づいていた。

新型コロナにより、アメリカでは1日に3千人近くが命を落としていた。「9・11」同時多発テロに匹敵する数の犠牲者が、来る日も来る日も出ていたことになる。3月、JFK国際空港から羽田に向かうANA109便は、私たちと数組の日本人家族以外、ほぼ無人だった。まったく採算が合わない路線を維持している航空会社には頭が下がった。

古巣の東京本社経済部に戻ると、金融取材チームを率いる日銀キャップやデスクを順次務めた。その傍ら、ボーイングについても取材とリサーチを続け、本書の元になった大型企画「強欲の代償　ボーイング危機を追う」を2022年1月、朝日新聞の紙面とデジタル上で連載した。

二つの事故が世界にもたらしたショックの大きさゆえだろう。その翌月には、ネットフリックスがドキュメンタリー映画「地に落ちた信頼　ボーイング737MAX墜落事故」を配信。アマゾン・ドット・コムの「プライム・ビデオ」も、この事故を題材にした「フライトリスク　〜墜落事故の真相〜」を秋に公開した。登場人物や描き方は異なっていても、それぞれの問題意識は私の連載と通底するものがあった。

見覚えのある人物が「フライトリスク」に登場していた。シアトル・タイムズ記者のドミニク・ゲイツだった。737MAX事故をめぐる報道で同僚とともに2020年のピュリツァー賞を受け、その後もボーイングの内情に迫る調査報道を続けていた。

コロナ対策の水際規制が緩むのを待ち、2022年秋、私は遅い夏休みを取って再びシアトルに飛んだ。ボーイングゆかりの地をもう一度訪ねて回るとともに、ゲイツとじっくり話をするのが旅の目的だった。ボーイングの「反省」は本物なのか。一連の試練を教訓に、健全な企業へと生まれ変わることができるのか。20年以上ボーイングを見つめてきたゲイツとの対話を手がかりに、それを考えたかった。

再びの本社移転、驚愕すべきその行き先

1年半ぶりのアメリカは、当時の日本と違ってマスクをしている人もほとんどおらず、街を歩いたり、バーやレストランで店の様子を観察したりする限りでは一足先に「日常」を取り戻しつつあった。ビール1杯とソーセージ2本で7千円超相当。インフレと円安が急激に進んだのが私費でやってきた身にこたえたが、アメリカらしい活気が懐かしく、本場のクラフトビールの苦みも格別だった。

ゲイツに連絡をとると、ボーイング・フィールドにも近い自宅に招かれた。まずは同業者として「ネタ元」の話になった。

「ボーイングの言いなりになっては安全が損なわれると危ぶむ人が当局にいた。ボーイングにも、安全を犠牲にコスト削減を強いられるのが耐えられない人がいる。内部で何が起きているのか把握できるのは、彼らのおかげだ」

アマゾン・ドット・コムやマイクロソフト、スターバックス、コストコといった世界企業の本社がひしめくシアトル圏は、木材産業が発展した歴史から労働運動が盛んでもある。全米で初めて最低賃金を時給15ドルに引き上げた都市でもあった。私は737MAX事故の前からシアトルに関心を抱き、何度も取材に来ていた。そんな話題を振ると、シアトル企業の中でもボーイングは特別な存在であり続けてきたとゲイツは語った。

「この地域にボーイングがもたらしたものは、素晴らしい航空機という遺産だけでなく、経済にとって重要な幅広い働き口だった。デトロイトにあった高給のブルーカラーの仕事は大部分が失われた。しかし、ここシアトルでは高校を卒業した若者はボーイングの工場に就職し、次の世代もそれに続く。会社は文字どおり家族《ファミリー》のような存在だった」

「なにせ、素晴らしい職場だった。非常に高給で、福利厚生も充実していた。労働組合がとても強力だったからだ。エンジニアやホワイトカラーもおり、彼らはみんな学位を持つ非常に賢い人々だ。数百万ドルを稼ぐ経営幹部もいる。社会のあらゆる階層の人々が、健全な形で地域経済に貢献した。普通の労働者も大きな家やボート、車を持ち、中流階級のライフスタイルを楽しむ。ボーイングがもたらしたのは、『若いプログラマー』という単一の階層しかいないマイクロソフトやアマゾンでは望むことができない何かなんだ」

ボーイングは、ずっとそんな役割を担い続けることができるのか。心もとない動きが立て続けにあった。例えば、シカゴに置いていた本社を、今度は首都ワシントンに隣接するバージニア州アーリントンに移すという2022年5月の決断だ。(8)

創業の地シアトルから中西部の金融都市シカゴへ、唐突に本社を移したのが2001年だった。第五章で見たとおり、その本社移転は、ものづくりの現場が軽んじられ、株主と経営者のための「金融マシン」へと変質していく転機の一つとなった。

シカゴへの移転から20年あまり。一連の危機を教訓に企業の原点であるシアトルに戻るどころか、北米大陸の反対側へとさらに遠ざかる判断を、ボーイングは下したのだ。

もちろん、本社の地理的な距離が現場に近ければ近いほど良いという単純なものではない。しかし、この局面であえてシアトルから距離を広げる決断の含みを、だれもが感じ取った。シアトルを拠点とする民間機部門のさらなる地位の低下と、アメリカ政府との関係強化だ。とりわけ、やはりアーリントンにあるペンタゴン（国防総省）との関係を深めて防衛部門の受注につなげようという意図である。それは、ボーイングのさらなる「政治マシン」化をも意味していた。

「民間機メーカーとしての自信を取り戻すためにも、ここシアトルに戻るべきだった。会社は現場を気にかけていない、自分に価値なんてないと落ち込んだ士気を、改めて鼓舞する象徴的な機会にできたはずなのに。経営陣に物事が見えていない証しの一つだ」

「幻」に消えた新型機開発

ボーイングの姿勢が問われるのは、本社の再移転にとどまらない。

2022年末、「ジャンボジェット」ことボーイング747の最終生産機が、シアトル郊外にあるエバレット工場での組み立てを終えた。技術の限界に挑むアイデンティティーでもあった747。空の大量輸送時代を切り開いた名機がとうとう、生産ラインから消えた。

その結果、ボーイングの民間旅客機は主に小型機「737」と中型機「787」、大型機「777」という3シリーズの派生型だけになった。737と787の間のサイズで、いずれ「797」になるとみられていた新中型機の開発も検討されてきた。だが、それも幻で終わりそうだ。CEOのカルフーンが2022年の投資家向けのイベントで「帽子からウサギを取り出して新しい飛行機を導入するのは2030年代半ばになる」と語ったのだ。白紙から設計する新型機は、あと十数年は出すつもりがないとの宣言だった。

最も新しい787の初号機がANAに引き渡されたのは2011年だから、四半世紀もの間、全くの新型機をつくらないことになる。このままでは、エアバスと比べた商品力の差が一段と広がっていくのは否めない。

カルフーンは「製品ラインの隙間を埋めたいわけではない。従来の飛行機を絶対的に置き換えるような形で差別化できる製品をつくりたいのだ」と語った。燃費が2～3割も改善したり、自動飛行の基礎となったりするような、画期的な飛行機になることが見込めない限り、ゴーサインは出さないという説明だった。

ボーイングは5年連続の赤字に陥り、膨らんだ負債が経営に重くのしかかる。787の品質・生産問題にも対処を迫られる。納入が何度も遅れている大型機「777X」も、軌道に乗せなければならない。体力を消耗する新型機の優先度が下がるのは仕方がない面もある。

しかし、737MAX事故の遠因は、小型機で先行するエアバスに追いつこうと焦るあまり、コストと時間のかかる新型機の開発を避け、旧型機の改造でしのごうとしたことにあったはずだ。新型機を白紙から構想し、量産にこぎ着ける経験と知識、そしてチャレンジをいとわない創業者以来の精神が、現場から失われてしまわないのかが気にかかる。

あわや墜落、737MAXの重大事故再び

ジャック・ウェルチ直系のGE出身者で、投資会社の経営者を経てCEOとなったカルフーン

は、コストを削り、債務を軽くする策を練ることで、ボーイングの財務を上向かせることはできるかもしれない。

しかし、ボーイングが真の意味での「栄光」(glory)を取り戻すには、リーダーを入れ替え、まったく新しい人々に経営を担わせる必要があると、ゲイツは2022年秋に会った当時から確信していた。私も、ボーイングの経営が根幹から変わらなければ、将来どこかの時点で悲劇が繰り返されるのではないかと思っていた。

そうした懸念は1年あまり後、不幸にも的中する。737MAXが2024年1月、再び深刻な事故を起こしたのだ。

トラブルがあったのは「737MAX9」。連続墜落事故を起こした主力モデル「737MAX8」よりも胴体が少し長い派生型で、世界で約200機が運航されていた。そのうちの1機で、就航からわずか2カ月のアラスカ航空機がオレゴン州ポートランド国際空港を離陸後、1万6千フィート(約4・9キロメートル)上空で胴体の非常ドア部分が丸ごと吹き飛んだ。飛行中の客室にぽっかりと大きな「穴」が開き、同じ空港に緊急着陸した。

乗り込んだ飛行機のドアが上空でいきなり吹き飛ばされ、気圧が急低下して天井から酸素マスクが降りてくる事態を想像してほしい。犠牲者が出なかったのは不幸中の幸いだった。「穴」のそばには偶然乗客が座っておらず、まだ巡航高度に達しない低空だったのが救いとなった。一歩間違えれば、客室内外の気圧の差から乗客が空中に投げ出され、最悪の場合は機体の墜落につながりうる重大事だった。

737MAX9は、FAAから約3週間にわたり運航停止処分を受けた。当局の調べで、非常ドア部分を覆っていたパネルを胴体に固定する重要なボルトが四つ、工場出荷時に欠落していた、という衝撃的な疑いが発覚する。(9) このパネルは、ボーイングのレントン工場で修理のためにいったん取り外された後、メカニックが取り付け直していた。たとえ自動車でも、いや自転車であっても、安全に直結するボルトを付けそびれるなど万が一にも許されない失態だ。

経営再建の命運を握る737MAXについて、ボーイングはレントン工場での生産ペースを引き上げていたが、FAAは増産を禁じ、安全確保に集中するよう命じた。事故を受けて他の航空会社も一斉に737MAX9の機体を調べたところ、複数のボルトや留め具が緩んでいたことも明らかになった。

737MAXの連続墜落事故で問題になったのは主に設計のまずさだった。しかし、アラスカ航空機の事故は、工場も同じ病に冒されていた疑いがあることを改めて浮かび上がらせた。コストと納期のプレッシャーに押されて生産現場が疲弊し、品質の確保がままならなくなっていたおそれがある。

ウェルチズムの継承者だったカルフーンに、ボーイングの立て直しは不可能だった。ボーイングは2024年3月、カルフーンら首脳陣が年末までに退任すると明らかにした。(10) 後任のCEOとして白羽の矢が立ったのは、やはりGE（現GEエアロスペース）のCEOを務めるラリー・カルプであったが、カルプはボーイングからの打診を断ったという。(11)

ちなみに、ボーイングがカルフーンに与えた2023年の報酬は3280万ドル（約46億円）にのぼった。赤字と配当ゼロが続いているというのに、前年より45％増という気前の良さだった。

とめどない内部告発、企業文化は変わったのか

2024年に入って発覚した問題はアラスカ航空機の「穴開き事故」にとどまらない。

①「787」の主翼と胴体の接合部について、出荷前の検査を怠ったのに、実施したかのように書類を改竄した疑いでFAAが調査

②「787」「777」で作業効率を優先する工法を採用したため、胴体の接合部に過度な圧力がかかり、壊滅的な事故を招く恐れがあるとベテラン技術者が内部告発

③「737MAX」の工場で数百点の不良部品が行方不明となり、一部は機体に取り付けられた可能性があると品質管理担当者が内部告発。部品管理の記録は消され、FAAの検査に際しては、不適切に管理されていた部品を別の場所に隠していたとも主張

これでもまだ一部であるところに、生産現場の計り知れない混乱がうかがえる。安全性に疑義を抱かせるような運航トラブルと、実名での内部告発が、とめどなく噴き出す。告発がどこまで事実かは、当局の調べを待たなければならない。ただ、気になるのは告発者たちがいずれも報復的な措置を受けていることだ。②を告発した技術者は別の部署に異動させられ、③の告発者は上層部に懸念を伝えたところ、「容認されざる言動」「人々に不安と脅威を与えた」と警告を受けたという。

ボーイングの企業文化は737MAX墜落事故後も変わらないどころか、劣化さえしていないか――。連邦議会が設けた調査委員会のトップを務める民主党上院議員、リチャード・ブルメンサルはそう疑っている[12]。

「利益を最優先し、限界を越えさせ、労働者を無視する文化が続いている。発言する者は沈黙させられ、脇に追いやられ、責任だけは工場の現場に押し付けられる文化だ。利益至上主義に従わない者への報復を許す文化でもある。切実に修復されねばならない文化だ」

737MAX墜落事故での刑事訴追をいったん猶予した司法省も、「穴開き事故」など一連の事態を受けて動かざるを得なくなった。2021年の起訴猶予合意（DPA）で定めた安全義務に、ボーイングが違反したと認定したのだ。会社として有罪だったと認めて訴追を回避するか、法廷で無罪を争うかの選択をボーイングに迫った。

ボーイングは2024年7月、司法取引に応じ、737MAXの認証にあたって合衆国を欺いた共謀罪を認めた。「重罪を犯した組織」という不名誉。追加で2・4億ドル（約390億円）の罰金支払い。そしてアメリカ政府との契約に悪影響が及ぶリスク。そうした打撃を受け入れてでも、法廷で不利な事実が明らかになり、さらに追い込まれる事態を避けたかったのだろう。

この司法取引でも、旧経営陣の責任は問われなかった。

「ボーイングのように道徳的に破綻した企業が、人命を犠牲にしても罰せられることなく繁栄する前例をつくりだした。正義とは責任を逃れる余裕のある者たちのためだけにある、という厳然たる現実を示している。司法省は、恥を知れ」

事故で父親を亡くした英国在住のジッポラ・クリアは司法取引をそう非難した。

「企業文化を根本的に変える」新CEOの決意表明

開発が遅れに遅れたボーイングの新型宇宙船「スターライナー」は2024年6月、国際宇宙ステーション（ISS）に宇宙飛行士を運んだものの、推進装置などに不具合があり、有人での帰還は断念した。軍用機では、固定価格で受注した米軍向けの次世代練習機T-7A「レッドホーク」や空中給油・輸送機KC-46A「ペガサス」、そして新たな大統領専用機「エアフォース・ワン」などで開発遅れやコストの大幅な超過が相次ぐ。民間機部門が苦境にある時にこそ経営を支えてくれるはずだった防衛・宇宙部門でも、不調が目立っているのだ。

難局続きのボーイングを新たに率いることになったのは、航空宇宙産業で35年以上の経験があるケリー・オルトバーグだった。航空電子部品大手のロックウェル・コリンズ（現コリンズ・エアロスペース）で2013年から5年間、CEOを務めた人物だ。デービッド・カルフーンの後任として2024年8月にボーイング社長兼CEOに就くとすぐに737MAXの工場を訪れたり、顧客を回ったりし、信頼回復に努める姿勢を見せた。

しかし、就任の約1カ月後、さっそく試練が訪れる。国際機械工・航空宇宙産業労働者組合（IAM）に加わる従業員ら約3万3千人が、シアトル圏などの工場で16年ぶりとなるストライキに突入したのだ。737MAXや大型機「777」の生産が止まった。

組合側は40%の賃上げや確定給付年金制度の復活などを求めた。インフレが進み、また経営陣が巨額の報酬を受けている間も、働き手の待遇が抑えられたことへの不満が現場に渦巻いていた。

組合は会社側の歩み寄りを繰り返し拒んだ末、4年間で38％の賃上げなどの成果を得た。ストの収束まで、実に53日を要した。

そのストのさなかにボーイングが発表した2024年1〜9月期決算は、約80億ドル（約1・2兆円）もの巨額赤字にまみれた。通年でも6年連続の最終赤字が確実となった。CEOに就任後初めての決算会見に臨んだオルトバーグ。彼が発したのは「企業文化を根本的に変える」という異例のメッセージだった。

「かつてはボーイングが優れた企業文化の模範だったことを、多くの人が知っている。そして、私たちはその遺産《レガシー》に戻れると信じている。文化の変革はトップに始まる。私たちリーダーは、ビジネスや、製品を設計・生産している人々と密接に結びつかなければならない」

オルトバーグの決意表明を、私は新鮮に受け止めた。「シアトルの文化大革命」以来、20年あまり続いてきた路線からの決別をも予感させるものだったからだ。彼は「将来適切な時期」の新型機開発にも意欲を見せた。

「これは大きな船で、舵を切るには時間がかかるだろう。しかし、その暁には再び偉大になる力がある。空の旅の新時代を切り開き、人類初の月面着陸に貢献した会社だ。その遺産を形づくった価値観に立ち返ることによって、私たちの未来が定まるのだ」

シアトルからシカゴへの本社移転や、中型機「787」のサウスカロライナ州への生産移管——。大規模なストは、経営陣に重大な路線変更を促してきた歴史がある。経営を追撃した今回のストを踏まえたうえでも、オルトバーグが一連の言葉を実践に移せるのかどうか。それはボーイングの将来を占うものになるだろう。

働く人の「誇り」を取り戻せ

2022年秋、シアトルの自宅を訪ねていた私に、シアトル・タイムズのドミニク・ゲイツは言った。

「優秀なメカニックやエンジニアは、そこに確かにいる。いい飛行機をつくることに、常に誇りを持って生きている人々だ。しかし、経営は彼らの誇りを、むしろ必死に破壊してきた。まずは、それを取り戻すところからだ」

ボーイングの浮沈はアメリカの経済や国防にかかわるだけでない。ANAやJALなど大口顧客を抱え、主要部品のサプライヤーが多い日本にとっても「我がこと」になりうる。

「ボーイングは復活してほしいし、復活しなければならない。シアトルのため、アメリカのために。そして、あなたがた日本のためにもね」

ゲイツと今後も連絡を取り合う約束をして、ANAが運航するボーイング787で帰国の途についた。機内は極めて静かで、快適なフライトだった。

これを設計したボーイングの技術者、部品をつくり、組み立てたメカニック、そして飛行機の運航を支えるすべてのプロたちへの敬意を、改めてかみしめた。ライト兄弟の初飛行からわずか1世紀あまりで航空機をここまで進化させた、人類の英知への畏敬も。

帰国した成田空港には、日本の空へも復活を遂げた737MAXが1機、駐機していた。淡い水色に塗られた大韓航空の機体だった。おそらく乗客の大半は、自分たちが乗り込む機体があの

７３７ＭＡＸだとは知るまい。

水際規制がかなり緩んでいたため、入国手続きもすんなり終わった。国境をまたぐ移動の厳しい制限が３年近くも続いた直後だったからだろう。家族連れもビジネス客も、空港ロビーを行き交う人々の表情からは、空の旅ならではの高揚感がうかがえた。

久々に戻ってきた空港らしい喧噪にしばし身を置きながら、命を運ぶ産業が負っている責任の、果てしない重さを思った。

第十章

株主資本主義は死んだのか

2023年の来日時、著者のインタビューに応じる著名投資家のウォーレン・バフェット（朝日新聞社提供）

目の前に現れた株主資本主義の「ラスボス」

日本経済の中枢の地にそびえるラグジュアリーホテル、フォーシーズンズホテル東京大手町。2023年4月11日の朝、控室として用意された部屋で、私は数日間かけて練った質問を頭の中で繰り返していた。

「ミスター・バフェットの準備ができました」

ビル群を見下ろすスイートルームに案内されると、トレードマークの朱色のネクタイ、少ししわが寄ったワイシャツ、ゆったりしたサイズのスーツに身を包んだ「投資の神様」が、緊張をほぐすような力強い握手で迎えてくれた。

ウォーレン・バフェット、当時92歳。

いかにも好々爺然とはしているが、世界でも5本の指に入る大富豪である。投資会社バークシャー・ハサウェイの会長兼CEOとして5千億ドル（約70兆円）超の運用先を差配する。企業の本質的な価値を見定め、割安に放置されている優良株に長期投資する。自らビジネスの中身を理解できない企業には投資をしない。本拠とする中西部ネブラスカ州オマハにちなみ「オマハの賢人」と称される彼の哲学は、世界の投資家が範としてきた。

ボーイングが招いた一連の危機を出発点にしつつ、「株の国」のありようをテーマに定め、ロールプレイングゲームの主人公のように各地の現場で話を聞き続けてきた私にとって、バフェットは地球上の「ラストボス」ともいえる存在だった。

表向きは株主価値の最大化を掲げつつも、歴代経営者がそれを乗っ取って危機に陥ったボーイングとは対照的に、ミルトン・フリードマンが描いた株主資本主義のいわば「理想型」を追求し、圧倒的な結果を出し続けてきたのがバフェットだからだ。

日本のメディアがじかに話を聞ける機会は極めて限られる。生涯で2度目の来日となった今回、取材ができたのは朝日新聞と日本経済新聞の2社だけだった。日本企業への投資方針など、当日のニュースとして「見出しが立つ」話を引き出すだけでなく、バフェットの資本主義観を浮かび上がらせることに、私は狙いを定めた。

バフェットに同居する「無欲」と「貪欲」

インタビューの冒頭いきなり、バフェットは日本の5大総合商社株を買い増したところだと話し始めた。「日本の他のすべての大企業に目を向けています」とも。ネブラスカなまりの英語の聞き取りに難儀しつつ、こうした発言は東京の株式市場にもそれなりに影響を及ぼすだろうと思って聞いてはいた。

しかし、「バフェット効果」の神通力は、現場にいた私の予想をはるかに超えていた。発言が伝わるや否や、世界の投資家の視線が日本株に注がれた。2万7千円台で動いていた日経平均株価は、1年もたたず4万円の史上最高値に達した。上昇分のうちバフェットの貢献度がいかほどかは議論があろうが、彼の発言が「呼び水」となったのは間違いない。

バークシャーは手元にうなるほどドルがあるのに、わざわざ円建てで社債を発行して投資資金を調達している。日本円だけの超低金利環境のメリットを享受しながら、外貨を稼ぎ、高配当を期待できる総合商社への投資に充てる。もし為替レートが円安に振れ、投資の価値がドル換算で目減りしたとしても、返済するお金も安くなった円で済む。

確実に稼げそうな手を、したたかに打つ。しかし、稼ぎの目的が必ずしも個人的な欲得ではなさそうなのが、バフェットのバフェットたるゆえんだろう。

いくつもの豪邸を構え、スーパーカーを乗り回し、大型ヨットで海に繰り出す――。そのようなアメリカの成功者のイメージとはかけ離れた、質素な暮らしぶりで知られる。大衆車を自ら運転して通勤し、マクドナルドのドライブスルーでハンバーガーとコカ・コーラを、ときに割引クーポンを使って買う。自分が納めた所得税の税率が秘書よりも低かったとして富豪に高い税金を課すよう呼びかけ、1300億ドル（約18兆円）相当に膨らんだ個人資産も99％超を慈善団体に順次寄付すると表明済みだ。

「もう何の欲もありません。私は92歳で、必要以上に多くのお金を持っています。もっと何かが欲しいなどと、どうやって言えるでしょう。65年間、同じ家に住んでいます。3軒も、5軒も、8軒も持ちたくはない。1軒で十分です。今の家が好きだし、仕事場から5分の距離にあります。子どもの成長などいい思い出がたくさんある。つまり、それで何もかもがいいのです。私は自分が理にかなっていると思う人生を生きています」

では「もう欲がない」という人物を、飽くなき投資へと突き動かすものは何なのか。バフェットから感じたのは、株主から預かった資産を増やし続けることへの、執念にも似た思いだ。「私がどこの馬の骨とも分からなかった50年前から今に至るまで、信頼してお金を預けてくれた人がいることに、私は大いに満足しているのです」

「社会的責任」としての年20％のリターン

バフェットが毎年記す「株主への手紙」は読み物としても味わい深いが、それに付属して、1965年からのバークシャー株と、大企業全体を網羅するS&P500株価指数の年ごとの上昇率（配当含む）を比べた一覧表が、いつも誇らしげに載せてある(1)。

それによれば2023年までの59年間で、バークシャー株の価値は4万3848倍に膨らんだ。もし1964年にバークシャー株を100ドル分買っていれば、438万ドル（約6・2億円）になっていた計算だ。年率で19・8％ずつ株主価値を膨らませてきた複利の賜である。同じ期間でS&P500指数は313倍、年率では10・2％の成長だった。

株主とは、いったい誰か。「資本家」としてイメージされる創業者や大富豪、自社株を与えられた経営者だけではない。普通の働き手が蓄えを直接株式に投じることもあれば、退職後の暮らしを支える年金や保険、人々の学びにつながる大学基金などの資金を運用する機関投資家も株主である。株主へのリターンを最大化することこそが、バフェットにとっての「社会的責任」なのだ。

並のCEOとバフェットが異なるのは、「株主へ尽くす」ことの徹底ぶりだろう。自身のCEO報酬はずっと年10万ドル（約1400万円）で、アメリカの相場より2桁少ない。年数千万ドル（数十億円）にもなる世のCEOたちの報酬を、バフェットはかねて厳しく批判してきた。「株主への手紙」でこう書いたことがある。(2)

「役員報酬がバカバカしいほど業績とかけ離れたものになっていることが、合衆国ではあまりにも多い。しかも、この状況は変わらないだろう。投資家にとって不利な条件が積み重なっているからだ。結局のところ、凡庸、あるいはそれ以下のCEOたちが、選りすぐりの人事担当幹部と、常に便宜を図ってくれるコンサルタントに助けられて、ひどい設計の報酬制度によって巨額の報酬を受け取ることになるのだ」

会社経営は何よりも、株主の利益に尽くすべきだ——。バフェットが実践してきた株主資本主義の精神にはしかし、この数年ですさまじい逆風が吹き付けるようになった。大きなうねりが巻き起こったのも、やはりアメリカだった。

財界中枢が宣言した「宗旨替え」

2機目の737MAXがエチオピアで墜落してから約半年後の2019年8月、株主資本主義の総本山であるアメリカ財界の中枢が「宗旨替え」を宣言したのだ。

「企業の存在意義（パーパス）を、『すべてのアメリカ人に尽くす経済』を推進することと再定義します」

経営者団体ビジネス・ラウンドテーブル（BRT）が発した通称「パーパス文書」が今もなお参照され続けている。アップルやアマゾン・ドット・コム、ゼネラル・モーターズ（GM）、ゴールドマン・サックスといった巨大企業のCEOら181人が署名した声明だ。(3)

顧客や従業員、取引先、地域、地球環境など全てのステークホルダー（利害関係者）に尽くす、新たな資本主義をめざすのだという。それまで最上位だったはずの株主に触れられたのは、リストの最後だった。それも、株主に約束するのはあくまで「長期的な価値の創造」なのだという。文書がうたい上げていたのは、いわば「みんなの資本主義」への転換だった。

BRTは1997年、企業の第一の目的を「株主に報いること」とする宣言をまとめていた。ボーイングが同業のマクドネル・ダグラスを吸収合併し、株価一本やりの道を突き進むことになる起点の年だ。大企業による自社株買いの総額が配当を追い抜き、株主還元を競い合う動きに拍車がかかったタイミングでもあった。経営者が企業活動の「目的」として尽くす相手は株主に限られた。従業員も顧客も地域社会も取引先も、必ずしも軽視されたわけではないが、あくまで株主利益を生み出すための「手段」と位置づけられた。

しかし、リーマン・ショック後の経済危機や、異形のトランプ政権の誕生、そして深刻化する気候危機は、コーポレート・アメリカ（アメリカ株式会社）に存在意義の問い直しを迫っていた。株主第一の経済体制が民主主義と地球環境の危機を招いたという説明が広く受け入れられ、世論の批判は経済界に向かいつつあった。

名だたるエスタブリッシュメントが「ステークホルダー資本主義」に賛同したパーパス文書は、株主資本主義が大きな曲がり角に差しかかったことを象徴する。

その後発足した日本の岸田文雄政権の看板政策「新しい資本主義」も、パーパス文書を機に一段と強まった世界的潮流の中に位置づけられるものだ。

「株主資本主義の葬式」としてのダボス

電車を乗り換えるたび雪は深くなり、間近に迫る山嶺も荘厳さを増していった。

パーパス文書が出た約半年後の2020年1月。スイス東部ダボスで開かれた世界経済フォーラム（WEF）の年次総会、通称「ダボス会議」が次なる舞台となった。メインテーマは「ステークホルダーがつくる、持続可能で結束した世界」だった。

私もチューリヒに飛び、特急とローカル線を乗り継いでダボスを目指した。澄んだ空気から結核患者の療養所サナトリウムが林立し、文豪トーマス・マンが『魔の山』の舞台に選んだリゾート地。車窓越しの街は、想像していたよりもこぢんまりとしていた。

世界のリーダー数千人が集うダボス会議はかつて、米英で強まった株主資本主義のイデオロギーを、地球大に広げる拡声機として機能した。しかし、すでに様相は一変した。株主資本主義への反省と、新しい経済を構想することへの期待が、会場内外で語られていた。

「私たちが知っている資本主義は死んだ」

アメリカのIT大手、セールスフォース・ドットコム（現セールスフォース）CEOのマーク・ベニオフはパネル討論で静かに訴えた。

「株主の利益だけを最大化しようという執着が、極度の格差と地球の緊急事態を生んだ。そして、素晴らしいニュースがある。ステークホルダー資本主義がついに臨界点に達した、ということだ」

ベニオフの発言を感慨深そうに聞いている人物が壇上にいた。主催者である世界経済フォーラム（WEF）の会長、クラウス・シュワブ。ダボス会議の生みの親である。

「私はここで葬式に立ち会っているような気分だ。株主資本主義の葬式に。そしてこれは、ステークホルダー資本主義の誕生でもあるのだ」

シュワブがWEFを創設してちょうど50年目の節目にあたり、会場のあちこちに「50YEARS」とのロゴが誇らしげに掲げられていた。シュワブにとって半世紀にわたる「フリードマン・ドクトリンとの戦い」の、それは勝利宣言のようにも聞こえた。

「良いことをして儲ける」への転換？

あれほど世界を席巻した株主資本主義は、本当に死んでしまったのだろうか。

確かに、株主の利益と、従業員や顧客、環境を含めた社会全体の利益は必ずしも対立しない。「ステークホルダーや環境の重視は、ビジネスの好機にもなる」

ドイツの総合電機メーカー、シーメンス会長のジム・スナーベはダボス会議でそう言った。国連が提唱する「持続可能な開発目標」（SDGs）。投資にあたって短期的な利益だけでなく環境（Environment）や社会（Social）、ガバナンス（Governance）といった要素も重視する「ESG」。ステークホルダー資本主義は、そうした考え方とも共鳴する。

株主の利益と社会の利益は一致させられるし、一致させるべきだという言説が、市民権を得つつあった。従業員に投資し、顧客や取引先、地域に配慮してそれぞれと良好な関係を築き、多様性や人権にも配慮し、環境意識が進んだ企業でなければ、持続的に利益を上げることなどできない。企業にかかわる様々な主体にバランスよく分配することは、株主にとっても長期的には望ましい。そうしたストーリーが好んで語られるようになった。

株主の利益を代表する機関投資家が見せた変化も、「株主と社会の利益の一致」をめざす流れに拍車をかける。

ビジネスリーダーが毎年、固唾をのんで公表を待つテキストがある。資産運用会社ブラックロック会長兼CEOのラリー・フィンクによる「CEOへの手紙」だ。たとえば2022年の「手紙」は、投資先の企業に「従業員、顧客、取引先、地域社会と相互に利益をもたらす関係」を築くよう求め、それが「資本主義の力だ」と訴えた(4)。

ブラックロックは世界最大の10兆ドル(約1400兆円)超を各国で運用する。一部企業を選りすぐる投資家とは異なり、世界の経済全体に投資していることに近い。地球環境問題などでは、個別企業の利害を超えた視点が必要になる。そうした立ち位置も、ステークホルダー資本主義運動の先頭に立つフィンクの考え方の背景にあるとみられる。

フリードマン流の「儲かることは、良いことだ」から、フィンク流の「良いことをして儲ける」へ――。資本主義に、半世紀ぶりの地殻変動が起きているのだろうか。

究極の目的はあくまで株主利益

ただ、フィンク流であっても、よく考えてみれば終着点はやはり「儲ける」なのだ。究極的な目的は、社会全体の厚生を高めることではなく、投資家の長期的利益にほかならない。年金や大学基金など幅広い投資家からお金を預かる運用会社のトップなのだから、当たり前と言えば当たり前だ。投資家の利益を犠牲にしてまで社会の利益に尽くす考え方は取っていないし、もしそう表明すれば投資家が怒り出して資金を引き揚げるだろう。

従業員の待遇を引き上げたり、職場の多様性を重んじたりするのはなぜか。属性にかかわらず優秀な働き手をリクルートし、やる気を高めて付加価値の高い仕事をしてもらうためだ。顧客の満足度を高めることが、直接株主の利益につながることは想像しやすい。地球環境への配慮も、企業イメージを高めたり、環境ビジネスの機会を広げたりすることに狙いがあるならば、最終的な目的は株主の利益である。

機関投資家は投資先の社会的な側面など一切考慮せず、直接的なリターンの最大化だけに集中すべきだとする保守派が、スペクトルの最右翼にいる。彼らは、フィンクらの姿勢を「目覚めちゃった人」(woke)などと揶揄した。しかし、ユニバーシティー・カレッジ・ロンドンの経済学者マリアナ・マッツカートは、スペクトルの左側から、むしろフィンクの「目覚め方」が足りないと批判する。(5)

「ステークホルダーへの配慮は、長期的に株主に利益をもたらすという目的のための手段にすぎない。これは、ステークホルダー資本主義の真意である『公共の利益のために価値を創造する』ことへの裏切りである」

むき出しの株主資本主義からは距離を置くように見える立場であっても、「最終的には株主の利益にもなる」と正当化している限りは、フリードマン・ドクトリンの射程から逃れられていない。半世紀前に、フリードマン自身がはっきりと指摘している[6]。

たとえば、小さなコミュニティーで主要な雇用主である会社が、そのコミュニティーに施設を提供したり、行政を改善するために資源を充てたりすることは、長期的な観点からは会社の利益になり得る。これにより、望ましい従業員を引きつけやすくなり、賃金の支出を削ることができたり、持ち逃げや妨害行為による損失を減少させたりできるし、ほかにも有益な影響があるかもしれない。(中略)

こうしたケースでは、これらの行動を「社会的責任」の実践として正当化しようという誘惑が強く働く。現在の風潮では「資本主義」「利益」「冷徹な会社」などへの嫌悪感が広がっているが、こうした行いは会社が自らの利益のためとして完全に正当化できる支出でありながら、その副産物として好感も得られる一つの方法となる。

米欧のビジネスエリートが競うように打ち出した、「みんなの資本主義」という美しいアジェンダ設定。ただその実態は、株主資本主義を根本から否定するようなものではない。私にはむしろ、フリードマン・ドクトリンの強力さを再確認させられる動きですらあった。

さらに取材を進めるうちに浮かんできたのは、「宗旨替え」に別の思惑も忍び込んでいるのではないかという疑いだった。

頭打ちの株主還元、透ける圧力回避の狙い

パーパス文書が出たタイミングに注目したい。増え続けてきたアメリカ大企業の自社株買いが、ちょうど頭打ちになったのがその2019年だった。大手500社の自社株買いの総額は前年8064億ドル（約89兆円）のピークを迎えたが、2019年は7287億ドル（約79兆円）にとどまっていた(7)。十分に大きな額ではあるが、「前年度比」や「前期比」が重視される世界である。さらなる還元を求める圧力が強まっていた。

パーパス文書の起草にかかわったというニューヨークの財界関係者に話を聞いた。

「企業はコストカットで利益をひねり出して株主にキャッシュを配り、株価は最高値を更新し続けてきた。しかし、コストカットも自社株買いも、さすがに限界に近づいていた。このままでは会社そのものが壊れてしまいかねないのに、市場と株主からの要求はやむ気配がない。目先を変えようと出てきたのが『ステークホルダー重視』への転換だった」

日本企業の社長が株価低迷だけを理由に職を追われることはあまりない。一方、アメリカ企業のCEOは、十分に利益を上げていたとしても、株価がさえなければ取締役会にすぐにクビを切られる。「モノ言う株主」が株価上昇や株主還元を求める圧力は強い。株主に限らない「多様なステークホルダーへの配慮」を掲げれば、経営者は株主に対する責任から逃れやすくなる、とい

うわけだ。「多方面への配慮」は、経営者が株主はおろか、誰に対しても責任を負わないことと紙一重でもある。

経営者を駆り立てたものが、ほかにもある。トランプ現象の反作用として広がる、若者世代の支持をバックにした急進左派の台頭だ。当時は民主党の大統領候補者として、ともに上院議員のバーニー・サンダースやエリザベス・ウォーレンといった左派政治家が人気を博していた。「民主的な社会主義者」を自認するサンダースへの支持はとりわけ根強く、のちに大統領となるジョー・バイデンを支持率で上回り、単独トップに立つ場面もあった。

さらには、メキシコ料理店のバーテンダー出身で、29歳で連邦下院議員になったアレクサンドリア・オカシオコルテスら、スター性を持った若手左派政治家が影響力を強めていた。私は本業の経済取材の傍ら、アメリカ左派のウォッチも続けていて、政界デビュー直後のオカシオコルテスの動向を数カ月追ったことがある。(8) 行く先々での聴衆の歓迎と熱狂は、師匠筋のサンダースをしのぐほどだった。

こうした流れを放置すれば、ビジネスの手足を固く縛る反資本主義的な規制が導入されることも、空想次元の話ではなかった。ビジネスエリートからすれば、資本主義体制の大枠を守るために、社会課題への配慮を先回りして打ち出す必要があった。冷戦期にソ連など社会主義陣営に対抗するため、西側諸国が福祉を拡充させて国民の支持を取り付けようとしたこととも重なる構図だ。

経営者の変わり身を、純粋な反省からのものととらえるのはナイーブだろう。株主からの圧力をかわして経営者の立場を守り、もう一方で台頭する急進左派の機先を制する狙いから発せられた「ポーズ」という色合いも濃かった。

コロナ危機であらわになった「幻想」

株主以外にも尽くすという「改心」の本気度はいかほどのものか、新型コロナのパンデミックは、それが現実に試される最初の機会となった。売り上げが急減するなどの危機にこそ、株主と社会の利害はぶつかり合いやすいからだ。

感染が急激に広がった2020年3~4月、パーパス文書に署名したアメリカ企業の行動を、ペンシルベニア大ウォートンスクールの経営学者タイラー・ライが調べた(9)。するとと、署名しなかった同規模の企業よりも、署名企業は2割多く株主に利益を還元していた。加えて、従業員を削減した割合は、署名しなかった企業より2割高かった。コロナ対策の物資増産や緊急支援も、商品値下げも、署名企業はむしろ消極的だった。ライは言う。

「前代未聞のパンデミックのさなかだっただけに、これだけで何か確定的な結論を導くのは難しい。ただ、株主にとりわけ多額のお金を還元し続けてきた歴史がある企業ほど、今回も『悪い』行動をとる傾向が強かったのは注目に値する」

ステークホルダー資本主義への懐疑派の筆頭格が、ハーバード大ロースクールの経済・法学者、ルシアン・ベブチャックである。

2020年春から2年間の大型買収100件超をベブチャックら研究チームが調べたところ、買収される企業の雇用保護や、解雇者への補償を条件に盛り込んだ例はほとんどなかった(10)。買収後に懸念される顧客や取引先、地域コミュニティー、環境などへの悪影響に、なんらかの保護が講じられることもなかった。買収される側の経営者が交渉で重視したのは、あくまで株主の取り分である買収価格だった。

ベブチャックはステークホルダー資本主義を「幻想だ」と断じる。経営者には、株主や自らの利益を犠牲にしてまで、他のステークホルダーを優先する動機がそもそもないというのが理由だ。「パーパス文書は見せかけに過ぎない。もしステークホルダーの利益を真剣に考えるならば、経営者の自主性に任せるのではなく、法や規制こそ重視すべきだ」

ある意味で純粋な株主資本主義を追求してきたウォーレン・バフェットは、当然ながらパーパス文書には署名していない。2023年の東京でのインタビューで、ステークホルダー資本主義について意見を求めると、バフェットは諭すように言葉を発した。

「そうした用語に大きな意味があるとは思っていません。信頼してくれた株主から預かった資本を、社会が認めてくれる方法で、できるだけ生産的に展開する。私たちは、会社を株主のために営んでいるのですから」

うわべのレトリックやポーズは実質的な意味をなさないと、彼は見切っていた。

「21世紀のニューディール」が迎えた試練

英語に「塹壕に無神論者はいない」(There are no atheists in foxholes)という格言がある。戦場の最前線のような極限状態にあっては、無神論者であろうとも自らの無事を神に祈るものだという意味である。

コロナ危機では、これをもじって「パンデミックのさなかにリバタリアン（自由至上主義者）はいない」と語られた。医療品の確保も、生活費の給付も、政府なしには最低限の経済活動すら維持できなかったのだから。市場と政府の関係は、半ば強制的にフリードマン・ドクトリン以来となる再定義を迫られた。

パンデミックまっただ中の2021年1月に第46代大統領に就いたジョー・バイデンは、ホワイトハウスの執務室に飾る絵画を自ら選んだ。メインとなる暖炉の上に据えたのは第32代大統領フランクリン・ルーズベルトの肖像画だった。その選択は、バイデンが「21世紀のニューディール」を目指すという決意表明でもあった。

前大統領のトランプは、経済運営の良しあしは株価次第と考えていた。少なくともその意味では典型的な株主資本主義の信奉者だった。1日に1千人以上が亡くなるコロナ危機の最悪期にあっても、「株価は最高だ」と自賛し続けた。

これに対しバイデンは、そうした株価偏重が海外への雇用流出を招き、中間層を苦しめたと訴える。「企業が株主にしか責任を負わない、そんな株主資本主義は終わらせる」と説いたことがある[11]。バイデンは就任後、労働組合の保護を訴え、国際的な法人税の最低税率を決める議論を主導し、気候危機対策も強めた。「株の国」の指導者でありながら、「株主価値の最大化」には必ずしもこだわらない姿勢だ。「前任者のように経済を判断する材料として株式市場を見ていない」とも断言した[12]。

バイデンの「21世紀のニューディール」はしかし、すぐに試練を迎えた。数百兆円規模の財政支出と超金融緩和は、株式や暗号資産といった資産価格の高騰とインフレを招いた。それ以外に現実的な選択肢がなかったのは、当時どんな厄災が降りかかるのか身構え、恐ろしいほどの緊張感を共有していた者ならばだれもが知っている。しかし、社会の底割れを防ぐ手厚いコロナ対策は、結果として「持てる者」へと富を大きく再分配した。

株価は史上最高値を更新し続け、富豪の資産は雪だるま式に膨らんだ。世界の金持ちトップ10人の総資産は、パンデミックの最初の2年間だけで7千億ドルから1・5兆ドル（約200兆円）に倍増したとNGOオックスファムは試算する。[13] 株高で経営者報酬も跳ね上がり、インフレに苦しむ働き手との格差はなお広がった。

返り咲いたトランプ、株主資本主義は死せず

確かに、コロナ危機を境に、むき出しの株主中心主義はいったん後景に退いたように見えた。人手不足で労働者の発言力が強まり、労働組合の結成や、ボーイングのようにストライキで要求を勝ち取る動きが続出した。資本と労働の力関係が、大きく変わる局面を迎えている。西海岸などの「ビッグテック」によるデジタル市場支配への風当たりが強まり、規制や訴訟といった国家の介入によって独占を防ごうという動きが世界的な流れになった。潮目の変化は、はっきり存在している。そのインパクトを軽んじるつもりはない。

しかしながら、経営者らが打ち出した「ステークホルダー資本主義」は、こうした潮流に呼応しきれていない。また、株主資本主義を根幹のところで支えてきたもの、たとえば株価連動型の

経営幹部への巨額報酬や、自社株買いのあり方を見直そうといった議論は鈍い。かろうじてバイデン政権下の2023年、自社株買いに1％の課税が始まった程度だ。

そして2024年11月5日、アメリカの有権者は第47代大統領として共和党ドナルド・トランプの返り咲きを選んだ。インフレによる生活苦にあえいだ人々は、バイデンから副大統領カマラ・ハリスへの民主党政権の継承を拒んだのだ。

大減税や輸入品への高関税、移民の排除といったトランプの公約はインフレをむしろ悪化させるおそれがあるが、注目すべきはその点だけではない。経済運営の指標として、なによりも株価が重んじられる時代が再来する。合法であっても意に沿わない行動をとる企業を糾弾しながら、支持者や取り巻きへの利益誘導には余念がない政権の再来でもある。

公正な市場でイノベーションを競い合うよりも、政権との距離をいかに縮められるかで企業の盛衰が決まる――。選挙中に大金を投じてトランプに取り入った希代の起業家イーロン・マスクの姿は、株主資本主義とクローニー・キャピタリズム（縁故資本主義）の結びつきが、第2次トランプ政権のもとでさらに深まってゆくことを予感させるものだった。

ダボスで「葬式」を挙げられたはずの株主資本主義。半世紀にわたりアメリカ経済を駆動してきた原理は、大きく揺らいではいる。ただ、まだ墓場になど入ってはいなかった。

終章

「空位の時代」をゆく日本の海図

2024年2月22日、東京株式市場で日経平均株価が約34年ぶりに史上最高値を更新した（朝日新聞社提供）

フリードマンは「理論的に誤り」

たとえ見せかけや建前であったとしても、「株主資本主義は誤りだった」というメッセージがアメリカ財界の主流派から発せられたという事実そのものに、希望を見いだす経済学者が日本にいる。東京大学名誉教授の岩井克人《かつひと》だ。

ボーイング危機の根源を探る旅は、会社の本質について理論研究を重ねてきた岩井に話を聞かなければ終われない。そう考えて、私は日本に帰国後、複数回にわたり岩井にインタビューした。

人類が株主資本主義を克服できなければ、社会や環境が破壊され、現代文明が滅んでしまう危機感すら抱いている、と岩井は言った。乗り越えるべき存在として岩井が照準を合わせてきたのもミルトン・フリードマンの会社理論だった。あれだけの論理の強靱さと射程の広さを兼ね備えたフリードマン・ドクトリンの、何がどう間違っているというのだろう。

フリードマンに従えば、会社が持つ資産は株主のものである。経営者が環境保護や雇用確保など社会のために利益を犠牲にするのは、株主の財産の盗みにほかならない。しかし、岩井の見方は違う。

「短期的にはもちろん、長期的に株主の利益にならなかったとしても、それぞれの目的を追求できるのが本来の株式会社だ。会社は株主の金もうけの道具に過ぎず、会社の資産はすべて株主様のものだというフリードマンの主張は、理論的に完全な誤りだ」

会社が持っている資産は、会社の持ち分を株式という形で保有する株主のものではないのか。「理論的に完全な誤り」とは、どういうことだろう。岩井は「会社は『法人』だからだ」と言葉を継いだ。

「法人とは、本来はヒトではないが、法律上はヒトと見なされるモノのことだ。その結果、会社は『2階建て』の構造を持つことになる。2階部分では株主がモノとしての会社を保有する。1階部分では、その会社が今度は法律上のヒトとして不動産や設備、お金といった資産を持ち、借金契約や雇用契約などの主体となっている」

個人商店の八百屋ならば話は簡単だ。経営者でもある店のオーナーが店先のリンゴを食べたところで、自分自身の財産が減っただけだから何の問題もない。八百屋の借金は、全額がオーナーの借金となる。企業組織としての構造は簡単な「平屋建て」で済む。

一方、組織が大がかりな株式会社となると、全く話が違ってくる。たとえばデパートの株主だからといって、食品売り場のリンゴを勝手に食べれば窃盗の罪に問われる。株主は会社の資産を直接所有しているわけではないからだ。逆に会社がつぶれたとしても、株式の価値以上の損失を株主が負うことはない。会社の借金は、株主の借金ではないからだ。

そのような説明をしたうえで、岩井は言った。

「八百屋とデパートを混同したところにフリードマンの誤謬《ごびゅう》があった。株式会社の株主は、権利も責任も有限なのだ。だから、株主は会社の主権者などではない」

株式会社の多様性こそ「資本主義の強み」

株式会社は必ずしも株主の利益のために存在しているのではなく、企業ごとに多様な目的に向かうことが「原理的に許されている」というのが岩井の考えだ。

会社の「2階」部分、つまりモノとしての側面を強調した株主重視の会社があってもいい。純粋な株主資本主義を追求する会社で、たとえば、アメリカの投資ビジネスなどだ。ウォーレン・バフェット率いるバークシャー・ハサウェイも典型例だろう。

一方、「1階」部分、つまりヒトとしての側面にフォーカスすれば、株主の利益にかかわらず、株式会社は広く社会への貢献を目的にできる。事業を持続させるために最低限の利潤は必要だが、それさえクリアすれば、利益の最大化を目指す必要はない、と岩井は説く。

思えば、ジャンボジェットの「747」や大型機「777」を生み出したころまでのボーイングは「1階」が強い会社だった。革新的な飛行機をつくること自体が、組織の存在意義であり目的だったからだ。会社は、あたかも人格を備えたヒトのように機能した。それが、アメリカ自体の「株の国」化に伴って「2階」偏重に変質し、「1階」がないがしろにされてゆく。

資産運用会社やファンドならば、モノとしての「2階」に偏重する問題はそこまで大きくならない。バフェットがそうであるように、「株主利益の最大化」こそが、そもそも組織の存在意義であることが多いからだ。

しかし、ボーイングは違う。無数の命を預かる航空機の、物理的なつくり手のはずだ。それなのに、株主と経営者にキャッシュを生み出す道具として会社のモノ扱いが極まっていき、ヒトとしての側面が軽んじられたこと。そこに、一連の危機の淵源があったというのが、長い旅の末に私がたどり着いた結論だ。

ちなみに、私が勤めている朝日新聞社も株式会社の形をとっている。このところは「事業を持続させる最低限の利潤」の確保にもがいているのが厳しい現実ではある。ただ、ジャーナリズムの理想に燃える人は社内にいくらでもいるものの、会社が存在している目的が「株主価値の最大化」だと考えて仕事をしている同僚には、ビジネス部門を含めて一人たりとも会ったことがない。非上場企業という要素はもちろん大きいものの、フリードマンに従えば「株主の代理人《エージェント》」でしかない経営陣も同じ認識だろう。

経営者は必ずしも株主の代理人ではなく、株式会社も利益の最大化を目的にする必要はない。会社は固有の目的をそれぞれ追求できる。その多様性こそ資本主義の強さだ――。そうした岩井の主張は、日本の多くのビジネスパーソンにとっても腑に落ちるものではないか。

「時代の変化の中で会社という仕組みが生き延びてきたのは、法人としてのヒトとモノの二面性を巧みに利用した2階建て構造によって、多様な目的や形態を持てるからなのだ。現代の用語でいうCSR（企業の社会的責任）やSDGs（持続可能な開発目標）も、フリードマンなら、まやかしや偽善だとせせら笑ったかもしれない。しかし、仮に偽善であったとしても、利益最大化ではない企業のあり方へのステップとして、私はそうした流れに希望を持っている」

「ヒト」から「モノ」へ、日本企業の変質

日本はアメリカとは異なる形の資本主義を発達させてきた。

売り手と買い手、そして世間にも良いという近江商人の経営哲学「三方よし」。道徳と利益の調和を説いた渋沢栄一の「論語と算盤」。岩井の言う会社のヒトとしての側面が重んじられ、株主利益の最大化にこだわらない資本主義が戦後しばらく実践された。

しかし、バブル崩壊後の長期停滞は、日本型の資本主義に対する世界の評価を一変させる。1990年代後半以降の歴代政権は、資本市場や企業統治（コーポレートガバナンス）の改革を進めてきた。脇役にとどまっていた投資家・株主に大きな力を与え、「株の国」に向けて前進することで、企業に規律をもたらし、日本経済の変革を促そうとした。

独占禁止法や商法・会社法が次々に改正され、証券取引法は金融商品取引法へと衣替えした。自社株買いや持ち株会社が解禁され、上場会社には四半期ごとの決算開示が義務づけられた。会社はヒトからモノへと性格を転じてゆく。

市場による規律を重視する方向性は、新自由主義的だと見なされた小泉純一郎政権（2001～2006年）に限らない。

第2次安倍晋三政権（2012～2020年）による経済政策「アベノミクス」は金融緩和（第1の矢）や財政出動（第2の矢）を重んじ、欧米基準に照らせば「リベラル」あるいは「大きな政府」の色合いが濃かった。

しかし、成長戦略（第3の矢）の実質的な柱となった企業統治改革は、日本を一段と「株の国」へと向かわせるものだった。

たとえば、一橋大学の会計学者、伊藤邦雄が座長となり、経済産業省の研究会が2014年にまとめた通称「伊藤レポート」だ(1)。「グローバルな投資家から認められる第一ステップ」として、企業の稼ぐ力を示すROE（自己資本利益率）が「最低限8％を上回る」よう求め、これが規範として広がっていく。

「株の国」の弊害だけが出た？　日本の改革

金融庁と東京証券取引所が2015年に定めたコーポレートガバナンス・コードは「株主以外のステークホルダーとの適切な協働」に章を割くなど、必ずしも単純な株主資本主義をめざすものではない(2)。

ただ実態としては、前年にまとめられた日本版スチュワードシップ・コード（「責任ある機関投資家」の諸原則）と合わせた「ダブル・コード」により、株主ガバナンス強化の流れがさらに加速した。

上場企業では、株主の利益を代表する社外取締役の選任が進んだ。ストックオプションが広がり、経営者の報酬は株主利益との連動性を強め、水準も切り上がった。「モノ言う株主」と呼ばれるアクティビスト投資家が存在感を増した。

東証が2023年、「資本コストや株価を意識した経営」を求めると、自社株買いと配当を合わせた株主還元は過去最高水準に膨れあがる。日経平均株価が翌2024年にバブル期超えを果たしたのは、一連の「改革」がもたらした大きな節目だった。株主と経営者が得る果実は、確実に大きくなった。

では、経済全体ではどうなのか。「ニッポン株式会社」の決算書とも言える、財務省の法人企業統計調査のデータを確かめてみよう(3)。

2000年度と2023年度を比べると、日本企業の純利益は8兆円から80兆円へ、株主還元(配当と自社株買い)は5兆円から41兆円へと、ともに桁違いに膨らんだ。一方、割を食ったとみられるのが投資と賃金だ。同じ間に、設備投資は39兆円から50兆円に、従業員給与・賞与は147兆円から169兆円に増えたものの、23年も経っているというのに、伸びはかなり緩やかだ。

こうした現状に、岩井の評価は厳しい。

「アメリカは株主資本主義の弊害が大きいが、一方で技術革新も生まれている。日本は一周遅れでアメリカを追った結果、株主資本主義の弊害だけが大きく出ている。企業が株主還元ばかりを膨らませ、人材や設備、研究開発への投資が滞ったからだ」

「失敗モデルを真似するな」知日派の警告

一連の「改革」により海外の投資マネーが流れ込み、日本企業の株主として外国人の存在感が増している。日本取引所グループによると、外国法人等の持ち株比率は2000年度の18・8%から2023年度には過去最高の31・8%にまで拡大した(4)。膨らむ株主還元は、日本の富の海外への流出をも意味しうる。

「日本が米英型の政策をとったのは、当時の判断では誤りとは言い切れなかったかもしれないが、結果的には間違いだった」と岩井は言う。

カリフォルニア大バークレー校の政治経済学者スティーヴン・ヴォーゲルも、一連の「改革」には否定的だ。

「アメリカが緩やかながらもステークホルダー・モデルへとシフトしようとしているさなか、日本のリーダーたちは逆に株主モデルへと移行させようとしてきた。これらの改革は、必ずしも日本の人々にとって最も有益なものばかりではなかった。株主モデルが長期的に企業業績を向上させるという証拠はほとんどない一方、格差をさらに広げるという証拠はかなりある。教訓はつまり、日本は本国のアメリカで失敗したモデルを模倣すべきではないということだ」

ヴォーゲルは、ベストセラー『ジャパン・アズ・ナンバーワン』（１９７９年）を著した社会学者の故エズラ・ヴォーゲルを父に持つ日本経済の専門家だ。日本企業は過去最高益を更新し続けているが、快進撃を重ねていた40年前と根本的に違うのは、優れた経営ではなく「労働者を犠牲にして利益を増やしてきた」ことだとする。

果たして、２０２１年秋に発足した岸田文雄政権が掲げた看板政策は「新しい資本主義」だった。その目指すものについて岸田は初めのころ、従来の新自由主義的な政策が格差を生んだなどとし、株主重視の流れを改める考えをにじませていた。

戦略を練る「新しい資本主義実現会議」の初回会合資料に、私は注目した。(5)

ビジネス・ラウンドテーブル（ＢＲＴ）の「パーパス文書」やブラックロックＣＥＯのフィン

クによる「ＣＥＯへの手紙」が紹介されていた。「『三方良し』のステークホルダー重視」との記述もあった。岸田は国会答弁で、自社株買いについて「ガイドラインとかは考えられないか」と言及したこともあった。「株の国」への歩みを、日本はいったん止めるのかと思われた。

四半期決算開示の法的義務が２０２４年４月から一部見直されるなどの動きもあった。しかし、自社株買いのガイドラインや、いったん浮上した金融所得課税強化の構想が市場の反発を受けてうやむやになるなど、政権の腰はなかなか定まらない。

曲折を経て、政権が目玉の一つとして打ち出したのは、金融所得課税の強化どころか、むしろ投資の儲けに税金がかからないＮＩＳＡ（少額投資非課税制度）の拡充と恒久化だった。確かに、貯蓄に偏る家計資産が投資に向かえば、配当や株価上昇による富が広く行き渡る。果実の分配が大株主に偏ってきた株主資本主義の弊害を和らげる手段と言えなくもない。

ただ、当初想定されていた、資本主義の方向性をめぐる骨太な議論は遠のいた。何が「新しい資本主義」なのか明確な像を結ぶことのないまま、どこからも異論が出にくい「成長と分配の好循環」というアベノミクス以来のキャッチフレーズが使われ続けた。そのまま岸田は就任３年で退陣し、後を継いだ石破茂政権のもとで「新しい資本主義」はさらに方向感を失う。

いったい、日本の資本主義は、どこへ向かっているのか。どこへ向かえばいいのか。

日本には「キャピタリズムが足りない」？

リスクを取って「虎の子」を預けるのだから、投資家の権利と利益は応分に尊重されなければならない。でなければ経済活動への資金の出し手はいなくなってしまう。株式市場全体の長期的パフォーマンスは、私たちの老後を支える年金財政にも影響する。私は2000年代後半、金融庁や証券市場を担当し、一連の「改革」をつぶさに取材した。市場の透明性や公正性を高める取り組みは、不断に進める必要がある。

日本の旧来型の資本主義が、長期停滞につながる要素を含んでいたのも確かだろう。生え抜きの経営者と従業員による内輪の論理が幅をきかせた結果、企業も、労働組合も、既存のビジネスと雇用を守ることを最優先し、価格競争とシェア争いに汲々とした。リスクをとらず、時代に合わせた事業の再編にもてこずった。長く続いた物価・賃金低迷の一因である。

社会の安定を重んじる私たち自身の選好が、代償として経済の新陳代謝を遅らせてきた面もある。[6] コロナ下でアメリカ企業はデジタル化を加速させ、失業率悪化という「痛み」を伴いながらも成長産業に労働力が移った。

日本は対照的に、雇用調整助成金や持続化給付金、ゼロゼロ融資など「現状を維持する政策」にリソースの大半を注ぎ込んだ。官民で既存のビジネスと雇用をかなり守り、社会の結束や政治的安定を保った半面、政府債務が大きく膨らみ、産業構造の転換に再び後れを取った。

こうした側面を重くみると、「日本にはまだキャピタリズムが足りない」（経済同友会代表幹事でサントリーホールディングス社長の新浪剛史）という主張が説得力を増す。株主重視か、幅広いステークホルダー重視かの前に、「パイ」自体を生み出す力が足りていないという指摘だ。

内閣府がまとめた2023年度の「日本経済レポート」は、製造コスト（原価）に対して何倍の値段で商品が売れたのかを示すマークアップ（付加利益）率を推計し、その動きを日米欧で比べている。[7] 日本企業は2000年度以降、おおむね1・2～1・3倍の間をほぼ横ばいで推移したのに対し、米欧は2010年代後半以降に上昇基調を強め、1・4～1・5倍の水準だ。

高収益ならば「三方よし」として広く報いる余地があるが、そもそもパイを増やせなければ社会への貢献もおぼつかない。環境経営ではいつの間にか欧州に後れを取り、賃金は長く低迷が続き、株価回復も鈍かった日本は「三方よし」どころか「三方ダメ」に陥りつつあった。

「アメリカのように短期的な視点でアクティビストから責められるのはいかがかと思うが、日本は今までしっかりやってきたぞ、とは全く思わない。日本は前からステークホルダー資本主義だったというのは間違いだ。キャピタリズムはやっていない」

サントリーが買収したアメリカ企業の統合に苦心した経験から日米の経営に通じる新浪は、ダボスでの私の取材にそう答えた。[8]

しかし、だからといって株主や市場の影響力を強めることだけに力を注げば、パイが賃金や投資に回らず、株主に不釣り合いに還流してしまう。「三方ダメ」から株主だけの「一方よし」になったとしても、それは健全な経済の姿ではない。「一方よし」の路線が究極的に行き着いた先が、ボーイングの惨状なのだから。

ソニーと東芝の明暗が示すもの

「株の国」の弊害が無視できなくなり、曲がりなりにも「みんなの資本主義」へのシフトを探るアメリカ。停滞が続いた旧来型の資本主義から「株の国」へと重心を移してきた日本。株主モデルとステークホルダー・モデルの間にある新たな均衡点を求めて、それぞれ歩み寄っている構図にもみえる。

前出の経済学者、岩井克人は、日米の「中間」に位置する欧州の動きに着目する。

「欧州も一時はアメリカ型に引っ張られた。ドイツ的経営の模範だったドイツ銀行ですら株主資本主義に流れて失敗し、マネーロンダリング（資金洗浄）の疑いをかけられた。しかし、欧州はしたたかだ。フランスが短期的な株主の議決権を制約するなど、アメリカ型ではない方向に軌道修正している」

フランスの制度は通称「フロランジュ法」（2014年制定）によるもので、2年以上株主名簿に登録されている株主については、原則として議決権を2倍にする仕組みだ。フランスは自動車大手ルノーなど国が大株主となっている有力企業が多く、フロランジュ法は政府の権限拡大が狙いではないかとの批判もある。ただ、長期保有の株主を優遇することにより、1980年代以降強まったショートターミズム（短期主義）を和らげる試みとして注目されている。

経営者が市場からの圧力にさらされ続けた方が企業価値の向上につながる、という前提そのものを岩井は疑っている。引き合いに出したのはソニーグループと東芝の明暗だった。

「ともに一時は厳しい経営状態に陥ったが、ソニーは復活を遂げた。音楽事業などの分割を求める『モノ言う株主』に対して、対話はしつつも、自らがめざす価値や『ソニーらしさ』を守り抜いたからだ。その点でソニーはしたたかだった」

「対照的に、自信喪失に陥った東芝は理念を忘れ、モノ言う株主の言いなりになった。モノ言う株主が出資した分以上の資金を、配当や自社株買いで流出させ、事業を切り売りさせられた。

『モノ言う株主』が企業の成長や、存続そのものの障害になりつつあるという認識が、やっと広がってきたのではないか」

株主資本主義「ど真ん中」グーグルの逆説

さらに岩井が注目するのは、あまりに逆説的なことに、株主資本主義のど真ん中にいるはずのアメリカの巨大企業群だ。

たとえばグーグルは「世界中の情報を整理し、世界中の人がアクセスできて使えるようにする」ことを「使命」として掲げる。実態はさておき、その経営理念の実現を目先の収益よりも優先させる姿勢を、少なくとも表向きは貫いている。

「フリードマンからすれば偽善に近いが、議決権が大きい種類株を創業者に割り当てることで、ほかの株主がいくら頑張っても（議案を可決できるだけの）議決権を持てないようにし、『モノ言う株主』にモノを言わせない仕組みにしている。それによって従業員による長期的な技術革新を促し、純粋な資本主義的にも最も成功した会社の一つになった」

フェイスブックやインスタグラムを営むソーシャルメディア最大手のメタ。世界に先駆けてデジタル化に成功した新聞社ニューヨーク・タイムズ。そしてウォーレン・バフェット率いる投資会社バークシャー・ハサウェイ。欧州ではブランドビジネスの王者ＬＶＭＨモエ・ヘネシー・ルイ・ヴィトン。これらの企業も、創業者や創業家などが議決権の重い特殊な株を持つことで、他の株主の権利を様々な形で制限している。

とりわけバフェットの場合、投資会社という株主資本主義を煮詰めたような存在でありながら、その根幹のはずの投資家の権利をあえて制約しているところが興味深い。経営者が強烈なリーダーシップを発揮して成果を挙げ、ほかの株主にも経済的に報いている。

これらの企業の多くは代理人《エージェント》である経営者と、依頼人《プリンシパル》の株主がかなりの部分で一致し、もともと利害対立が生じにくい資本構成上のアドバンテージがあるのは確かだ。

ただ、本質的により注目すべきなのは、自分たちが何のために存在しているのかという「軸」がこれらの企業では明確で、それぞれ必然性もあることだ。いくら種類株を握っていたとしても、拠って立つ「軸」がなければ市場の風圧には立ち向かいきれないはずだ。

なぜいま「パーパス」なのか

私はニューヨークから帰国後、第一部は取材班のまとめ役として、第二部以降はデスクとして、「資本主義NEXT」という長期連載を足かけ4年にわたり担当してきた。ポスト株主資本主義の経済をどのように構想すればいいのかを探る企画で、岩井へのインタビューもその一環だった。

シリーズ第五部「資本主義NEXT　価値ある企業とは」（2024年1月）の最終回で、同僚記者による経営学者の名和《なわ》高司《たかし》へのインタビューを紹介した(9)。日本企業の進むべき道について名和は「自分たちは何をしたいのか。何ができるのか。『一人称』を基軸に始めるべきだ」とし、内側から湧き出てくる「志」こそが企業の海図になると説く。

「伊藤忠商事は売り手、買い手、世間の『三方よし』を掲げる。この順番が大事だ。まずは社員がいいものをつくろうと考えなければ、何も始まらない。次に顧客に共感してもらい、市場ができる。その結果、株主も喜ぶ還元ができる」

「社会課題から考えて始める事業は、なぜダメなのか。社外である『世間』から考えているからだ。社員がやりたいことを内発的に始めるから、イノベーションが生まれる。このサイクルこそ、日本に備わる知恵だったはずだ」

報酬と罰で動機づけられた「やらされ仕事」より、それ自体が目的の「やりたい仕事」の方が生産性を高められるのは、直観的にも理解しやすい。経済の「非物質化」が進み、資本や設備の規模よりも働き手の創造性がモノをいう現代の産業ではなおさらだ。

市場や社会という外部から押しつけられた規範ではなく、「これを実現したい」と内発的に湧き上がる存在意義やアイデンティティーが、組織を動かす原理として改めて注目されている。この数年、日本企業で「パーパス」の採用が広がっているのも、こうした文脈と整合的だ。あくまでもその結果として、株主も応分の報いを受けられる。

ボーイングが突き付ける連立方程式

ボーイング創業者であるウィリアム・ボーイングが、飛行機づくりのためにヨット工場を改築した「レッド・バーン」を見回っていたときのことだ。

翼の構造材として使われた木材の切り方が不適切だったことを、彼は見逃さなかった。木材を床に叩きつけると、壊れるまで踏みつけた。翼を操作するケーブルが擦れていたのを見つけ、「こんな仕事を世に送り出すぐらいなら、工場を閉めてやる」と言ったという。

第四章でも紹介した『ビジョナリー・カンパニー』は、ジャンボジェット「747」の開発に挑んだボーイングを次のように評している。

ボーイングに経済的な動機があったのは事実だ。しかし、利益とは関係ない動機もあった。ボーイングが747を製造したのは、利益を追求するためより、自己のアイデンティティーのためであった。ボーイングは航空機業界の最先端に位置する企業であるべきだからだ。それが理由だった。なぜ747を製造するのか。「われわれはボーイングだからだ」

とにかく、いい飛行機を世に出したい。その一念で仕事に打ち込んだ創業者の志が失われ、外発的に動機づけられた「株主利益の最大化」が組織にとって至上の価値となったとき、ボーイングの落日は運命づけられ、結果的には株主利益も損なわれた。

一方、目指したのが外形的にはボーイングと同じ「株主利益の最大化」であっても、それ自体が内発的に動機づけられたバフェットは圧倒的な結果を残した。バフェットが営んできた業態が、時代の趨勢となった株主資本主義に極めて親和性の高い投資会社だったという幸運分を大きく差し引いたとしても、2社の対照は多くを物語る。

もっとも、経営者の倫理と自律に期待し、再び権力を集中させるのは「諸刃の剣」でもある。

古代の哲学者プラトンの言う「哲人政治」ならば望ましいかもしれないが、どの会社もバフェットが営んでくれるわけではない。「独裁制」となって組織を危うくするリスクをはらむからだ。フリードマンが恐れた経営者の専制である。

靴下にゴルフボールを入れて振り回し、客の車をわざと傷つける――。そのような犯罪に近い行為で保険金を過大請求していた中古車販売の旧ビッグモーター。創業者によるおぞましい性加害問題で存続が許されなくなった旧ジャニーズ事務所。内外の牽制と規律から解き放たれた経営者の独裁は、闇に堕ちるときも底なしだ。少なくとも株主には責任を負う株主資本主義以上に堕落し、無能または悪徳な経営者がのさばるおそれがある。

ここでは深入りしないが、会社の意思決定にあたり、経営の影響を直接受ける地域や従業員の声を蚊帳の外に置いたままでいいのかという難題もある。アメリカ民主党の有力上院議員エリザベス・ウォーレンは、ドイツの従業員代表制も参考に、大企業については取締役の40％以上を労働者に選ばせるなどの野心的な企業統治改革法案をまとめ、賛否を巻き起こした[10]。

市場の専制を排して主体的に理念を追い求める経営者の裁量を重んじつつも、その独裁を退け、広く社会の利害が会社の意思決定に反映される「みんなの資本主義」をどう打ち立てるか。ボーイングのつまずきが私たちに突き付けるのは、そうした連立方程式である。

「資本主義は努力してきた」バフェットの述懐

2023年4月、東京・大手町。株主資本主義の「ラストボス」へのインタビューは最終盤を迎えていた。

　バフェットがステークホルダー資本主義に冷ややかだったのは、先に紹介したとおりだ。環境団体や一部機関投資家は「化石燃料への投資が多い」「多様性への取り組みが遅れている」などと批判を強めているが、バフェットはどこ吹く風といった様子だった。

「世界は日量1億バレルの石油を生産することを望んでいます。8千万バレルではなくてね。5年後に石油の使用量が大幅に減っていると考えている人がいるとすれば、事実から学ばなければなりません。エネルギー移行に巨額の資金を投じる覚悟は持っていますが、私たちはまだ石油をやめる準備ができていないのです」

「ある男性をマネジャーに登用する人事を発表しましたが、彼はたまたま黒人でした。また、私たちが保有するアメリカで最大の鉄道会社を経営しているのは女性です。しかし、彼女は女性だから選ばれたわけではない。能力や人柄がふさわしかったのです。才能ある人を除いてしまいかねない（多様性をめぐる）新たなルールなど、必要ありません」

　気候変動や多様性をめぐる株主提案は、バークシャーの総会では大差で否決されている。種類株という権力と、半世紀の平均利回り年20％という圧倒的な結果が相まって、バフェットは株主からの異論を封じてきた。株主資本主義と「哲人政治」の結合とでもいうべき神通力は、どこまで持ちこたえられるのだろうか。話を聞きながら、そんなことを考えた。

　インタビューは予定時間を超えつつあり、同席者から「最後の質問を」と急かされたが、何か食い下がった。92歳というバフェットの年齢を考えると、日本のメディアが直接話を聞けるのはこれが最後かもしれない。尋ねておきたいことが、いくつもあった。

——あなたは株主資本主義のまさに震源地で利益を上げてきたわけです。株主資本主義は世界とあなたの会社に多大な富をもたらす一方、不平等の拡大や気候危機を招いてきたという評価もあります。株主資本主義の利点と課題についてどう考えますか？

「まずは、非常に明白なことから。CEOは来年もCEOでいることに関心があります。CEOは選挙で当選したい政治家と同じような行動をとります。もし私が来年も生きていれば、そして経営を続けられる贅沢を享受しているとしたら、私はこの地位に手を挙げ続けるでしょう。政治家が大きな票田に便宜を図るのと同じように、CEOもそのような人たち（株主）に便宜を図ることになります。それが資本主義の重要な要素の一つです。資本主義は一般に、他のシステムよりもうまく資本を配分していると思います」

「一方で、資本主義は恐ろしく不均等な結果を生み出します。資本主義の利点を維持しながら、この問題をどう解決するかが非常に重要です。一つの取引で1億ドルを稼ぐ人がいて、他の人は時給20ドルで働いているとしたらどうでしょう。資本主義は、より良くあるべきなのです。資本主義はそれに向かって努力してきたと思います。社会保障制度や預金保険ができたことを考えれば、私が生まれた1世紀前よりも良くなっているし、進歩もしています。ただ、道のりは長い。すべてを解決するシステムの設計は容易ではありません」

「より良い資本主義」を求めて

再び握手を交わして職場に戻り、バフェットとのやりとりを反芻《はんすう》した。

ウェルチズムに冒された「まがい物」の株主資本主義ならば、ボーイングの蹉跌が物語るように、もはや限界は明らかだ。一方で、株主への貢献それ自体を目的とする純粋な株主資本主義が現実世界ではいかにしぶとく、いまだに手強い存在なのかを改めて突き付けられた気がした。

もちろん、バフェットとて資本主義の聖人ではあり得ない。

先に紹介した、気候変動などサステナビリティーをめぐる批判だけではない。ライバルの参入を阻む「堀」(economic moat)を周りに張り巡らせ、競争を回避することで利益を上げ続ける企業を好む彼の投資手法は、経済の寡占化を促しているとの指摘がある。[11] 第七、八章で見たとおり、株主資本主義とは市場の寡占化を通じてゆがんでいくものなのだとすれば、バフェットはそれと無縁ではないどころか、むしろ加速させている側ですらある。

バイデン政権による自社株買いへの課税強化に反対し、自社の株主の利益は気にかけるものの、傘下企業の従業員の待遇向上にはさほど積極的ではない。

ただそれでも、「資本主義は、より良くあるべきだ」というバフェットの言葉が、そうした批判をかわすためだけの「ポーズ」だとは、どうしても思えなかった。バフェットの言う「すべてを解決するシステム」など望むべくもないが、グローバルな株主資本主義に代わる「より良い資本主義」の輪郭は、まだ霞の中にある。

ヘゲモニー論などで知られるイタリアの思想家アントニオ・グラムシ(1891~1937)は、ファシスト政権に捕らわれて獄中で記した草稿で「古いものが死につつあり、新しいものが生まれることができないという事実」に危機があると説いた。最高権威が不在のそうした「空位期間」には、さまざまな「病的現象」が生じるとも。

世界を覆うポピュリズムや権威主義の台頭、深刻化する米中対立だけでなく、ボーイングが招いた悲劇もまた、株主資本主義という古い最高権威が揺らぎの中にあることを示す「病的現象」の一つだったのかもしれない。

究極的には株主価値に収斂してしまうＥＳＧ（環境・社会・ガバナンス）経営やステークホルダー資本主義を超えた、真の意味での「みんなの資本主義」はいかに可能か。国家の専制でも、市場の専制でも、経営者の専制でもなく、社会と人間のために営まれるフェアで活力ある経済。それはなお「資本主義」と呼べるものなのかも必ずしも自明ではない。

空位の時代がもたらす混沌の向こうにある、新たな経済社会の姿とは。アメリカは、日本は、そして世界が模索のただ中にある。

おわりに

30年がたった今でも、時折思い起こす言葉がある。

「それをせねば生きていけない、と思えるような学問を見つけなさい」

一橋大学の兼松《かねまつ》講堂で開かれた1994年の入学式で、西洋中世史家の阿部謹也《きんや》が私たち新入生に語った学長式辞だ。阿部の師である歴史家・上原専禄《せんろく》の言葉を引いたもので、阿部は様々な機会をとらえては口癖のように学生に伝えていた。人生をかけて格闘するに値するテーマが見つかったら、どれだけ幸せだろう。18歳の私はそう夢想した。

学生時代はナショナリズム論の研究者を志したが、縁あって新聞社に職を得た。本社では経済部に配属され、朝から深夜までニュースの洪水に追い立てられる日々が続いた。阿部は2006年に亡くなり、彼の言葉をかみしめるような余裕もなくしていた。

しかし、企業や市場、政府の動きを追い、現場の働き手たちに話を聞き続けるうちに、最初はおぼろげだった経済記者としての問題意識が、次第に明確な像を結び始めた。ごく簡単に言えば「まじめに働けば安心して生きられる社会」をどうつくるのか、ということだ。当たり前のようでいて、そうではなくなった現実を、いくつもの取材で突き付けられていた。

「安心して生きられる」というのは、最低限のお金があることのみを意味しない。賃労働かどうかにかかわらず、社会やコミュニティー、家庭の中で役割を果たすことによって得られる誇りや尊厳も含まれる。それこそが人の一生に大きな意味を与え、経済社会を健全に保つだけでなく、民主主義や世界の平和を守る土台にもなると信じるからだ。

半ば忘れかけていた阿部の言葉を思い出させてくれたのは、『ジャパン・アズ・ナンバーワン』で知られる社会学者の故エズラ・ヴォーゲルだった。ハーバード大学国際問題研究所の「日米関係プログラム」に客員研究員として在籍していた2011年、かつて同プログラムを率いたヴォーゲルと、何度か話をする機会があった。私の問題意識を説明すると「とても難しいからこそ、一生をかけて取り組むに値するテーマだね」と励ましてくれた。その言い回しに、記憶の奥に眠っていた阿部の言葉がぴったりと重なった。

生まれが貧しくても、特別な能力や幸運がなくても、大学を出ていなくても、こつこつ働けば安定した暮らしと、何よりも誇りと尊厳、そして生きがいが手に入る。子の世代は、親世代よりも良い暮らしを期待できる——。アメリカではそのことを「アメリカン・ドリーム」と言い習わしてきた。

日本や欧州を含め、豊かとされてきた「先進国」でこそ、その根幹が揺らいでしまっているのはなぜなのか。職場や担当は毎年のように変わっても、阿部やヴォーゲルの言葉も支えにしながら、経済記者としてのライフワークにこだわり続けてきた。

経済部や日曜版「GLOBE」編集部で国内外の取材を重ねるうち、個別の政策や企業の意思決定にとどまらず、そこに影響を及ぼしている思想や、資本主義そのものの変容まで視野に入れなければ、目の前で起きていることの本質は伝えきれないという思いが募った。ジョン・メイナード・ケインズが『一般理論』の結語で書いている。

経済学者や政治哲学者のアイデアは、正しい場合も間違っている場合も、一般的に理解されている以上に強力だ。実際のところ、世界はほとんどそれだけに支配されている。あらゆる知的影響から完全に免れているつもりの実務家たちも、たいていは、すでに過去のものとなった経済学者の奴隷である。

現実世界で問題視されがちな既得権益よりも、じわりと社会に浸透する「アイデア」の方が力を持っていて危険なのだと碩学《せきがく》は言った。実際にケインズ自身の「アイデア」が、20世紀半ばの経済のありようを強力に規定してゆく。

そしてケインズ主義に代わって直近半世紀の世界を席巻した「アイデア」が本書で向き合ったフリードマン・ドクトリンだった。フリードマンは２００６年に没してもなお、世界の実務家たちを「すでに過去のものとなった経済学者の奴隷」として従えてきた。

前出の歴史家、上原専禄は学生だった阿部謹也に「大きなテーマを立てなさい。そして、小さなことからやりなさい」とも語ったという。

理論を追究する学者や経済分析を手がけるエコノミストとしてではなく、現場からストーリーを紡ぐジャーナリストとして、フリードマン・ドクトリンが世界にもたらしたものの実相に迫りたい。「小さな物語」を積み上げることで「大きな構造」を描き出し、日本の読者に生き生きと伝えたい。

どこまで成功したのかは読者の審判を仰ぐしかないが、そんな思いでこの本を書き進めてきた。

私がニューヨークに赴任したのは2017年の早春だった。JFK国際空港の滑走路脇には、数日前に降ったものであろう雪が残っていた。トランプが大統領に就任して2カ月がたち、気に入らない政敵や、国外移転を狙う企業を罵倒する彼の早朝のツイートが、連日のように内外を震え上がらせていたころだ。

ビジネスでも政策でも打ち出しが大胆なアメリカは、経済の潮流の先端を描く題材に事欠かない。目の前のフィールドは、資本主義の巨大な「見本市」だった。

自動運転やAI、製薬、フィンテックなどでイノベーションを生み出すダイナミズムは、さすがというほかない。

うち捨てられた中西部の草原地帯にあるガソリン車工場が、名も知れぬスタートアップに二束三文で買い取られたかと思えば、数年のうちに電気自動車の最新鋭工場へと生まれ変わる。革新的なプロダクトが、100年の歴史がある巨大な自動車市場の光景を一変させる。

機会がありそうなところに、リスクをとろうとする人材も、マネーも集まり、新しいもの好きの消費者が気前よく対価を払う。新たな市場が切り開かれ、人々の暮らしをより便利に、豊かに、そして彩りあるものにする。こうしたストーリーに出くわすたび、アメリカの資本主義が内包する桁違いのスピードとパワーに爽快感すら覚えた。

一方で、汚濁もあまりに濃かった。

富も、政治権力も、ごく一部の人たちに異様なほど集中する勝者総取り（winner-takes-all）

の世界が、そこには広がっていた。グローバル化とテクノロジーの進化による果実を独占するエリートと、逆に、低賃金国や機械との競争を強いられる人々の間に走る亀裂は、修復不能と思えるほどに広く、そして深い。

　低成長に陥ったとはいえ、経済全体でみると生産性は少しずつ上がってきたのに、膨らんだパイはコーポレート・アメリカを支配する株主と経営者が不釣り合いに占有した。ニューヨークやフロリダ、カリフォルニアの海沿いに、プール付きの壮麗な邸宅が何十キロも連なるさまは、この国が蓄えてきた個人が所有する富の分厚さを誇示するかのようだ。

　高い教育を受けるチャンスと才能に恵まれた者たちにとっても、悪い場所ではない。専門的なスキルを蓄積したプロフェッショナルたちは、少なくとも金銭的な報酬という意味では、日本の同業者とは比べものにならない果実を手にしている。

　しかし、人口の大多数を占める普通の働き手たちは、生産性が上がった分に見合った報いを受けていない。61歳のジョセフ・ゴーグは、ディズニー・ワールドなどへの観光客で混み合うオーランド国際空港で、車いすの乗客を介助する仕事をしていた。給料は最低賃金すれすれで、月額1400ドルにしかならない。家賃や光熱費を払うと、手元には200ドルが残るだけ。医療保険にも入れず、持病の治療で月に4千ドルを払った明細を見せてくれた。「もう飢えそうです」。光熱費を節約するため電気を消したままの部屋で訴えた。

　国全体ではもちろん、個人レベルで見ても2022年の平均年収が7万7001ドル（約1千万円）と実質的に世界一の「金持ち国」といえるアメリカ。[1] しかし、成人10人のうち4人近くが、400ドルの余裕資金すら持たないまま日々を過ごしている。[2]

暮らし向きの豊かさを示すあらゆる指標で「持つ者」と「持たざる者」が砂時計のように二極化し、社会の現在地をみるうえで、平均値の持つ意味が失われてしまっていた。

経済は人命を奪いうる——。それは十分に分かっていたつもりだった。

ボーイング創業の地であり、マイクロソフトやアマゾン・ドット・コムが本社を構えるシアトル圏は急成長のただ中にある。しかし、街を少し歩いたり、車を運転したりするだけで、異様な雰囲気にすぐに気づくはずだ。高速道路脇や風雨をしのげる橋の下、街中の公園に、人々が簡素なテントを張っている。路上生活者はシアトル圏だけで1万4千人超、全米では65万人超にのぼるとの調べがある。(3) 日本の約210倍である。2020年にはホームレス7877人が路上や車中で亡くなったと、専門サイトはカウントしている。(4)

オピオイドなどの薬物やアルコールに溺れる人。誇りと望みを失い、自ら命を絶つ人。経済学者アンガス・ディートンが言う「絶望死」の蔓延は、この超大国の平均寿命を、なんと短縮へと転じさせた。(5) 今の経済社会のあり方が、日々を生きるアメリカ人（Everyday Americans）を追い詰めていくさまを、私は北米大陸のあちこちで見せつけられた。

ただ、それでも。

経済を駆動している原理のゆがみが、まさか機械的・物理的な形で何百人もの命を奪うことになるとまでは、さすがに想像が及んでいなかった。

絶望的なまでに格差を広げ、生身の人間を不確実性にさらし、地球環境の危機をもたらした現代の資本主義は、まともな工業製品を供給する能力まで私たちの経済から奪い去ってしまったのだろうか。

ニューヨーク駐在2年目に遭遇した737MAX事故に向き合いながら、そんな疑問が頭から離れなかった。

ボーイングの危機は、そうはいってても日本から遠いアメリカの話ではないか、といぶかる向きもあるかもしれない。

確かに、日本は「株の国」へと向かってはきたが、本場アメリカとの隔たりは依然大きい。そもそも、資本主義は何か一つのモデルに収斂するわけでも、同じ進化の道筋を歩むわけでもない。自由市場を重んじる米英型の経済と、市場外での調整が大きな意味を持つ日本やドイツなどの経済とでは、労使関係や金融のあり方、企業と政府との関係など、資本主義の類型が全く異なる。「資本主義の多様性」と呼ばれる考え方だ。[6]

しかし、そのことを踏まえたうえでも、この半世紀にアメリカの資本主義に起きた変化のうねりが、程度の差やタイムラグはあっても各国に及んできたことに目を向けたい。市場原理の徹底、規制緩和、福祉の合理化、「株主ファースト」の広がりと労働運動の退潮、格差拡大といった現象だ。

イギリスの欧州連合（EU）からの離脱（ブレグジット）と、トランプ台頭が世界を震撼させていた2016年、ドイツの社会学者ヴォルフガング・シュトレークの著書『時間かせぎの資本主義　いつまで危機を先送りできるか』が邦訳されて経済論壇で話題となった。[7]先進諸国は低成長に陥ったことによる矛盾が社会不安につながらないよう、様々な「マネーの魔法」で危機を先送りしてきたと論じたものだ。

1970年代はインフレで見かけの所得を膨らませ、1980年代以降は政府債務を増やし、1990年代以降は家計に借金をさせ、それらが行き詰まった2008年のリーマン危機以降は中央銀行の金融緩和により、それぞれ「時間かせぎ」をしてきたという興味深い診断である。

シュトレークをドイツ・ケルンの研究室に訪ねると、彼は「いずれの変化もアメリカが先陣を切り、各先進国に広がった。国ごとの違いは依然として意味があるが、国境を超えて大きなトレンドが共通していることにこそ、私たちは注意を払うべきだ」と語った(8)。

ボーイングの悲劇をもたらしたアメリカ経済のゆがみ。日本がそれと無縁であり続けることはできない。


経済にとどまらないアメリカの深い闇も、私は737MAX事故から感じ取っていた。コロナ危機まっただ中の2020年6月、朝日新聞デジタルの「経世彩民」というコーナーに1本のコラムを書いた。

ロックダウンやマスク着用といったコロナ対策に反対する人々が武装して街に繰り出す事件が起きる一方、ブラック・ライブズ・マター(BLM)の嵐が全米で吹き荒れていたころだ。少し長いが、この本につながった原点として全文紹介したい(9)。

公言はばかる米国の暗部　ボーイング事故とフロイドさん

米同時多発テロへの「仕返し」とばかりに米軍が最貧国アフガニスタンに爆弾の雨を降らせた約18年前、作家の辺見庸《へんみよう》さんが朝日新聞に寄せた論考の一節を鮮明に覚えている。

「報復攻撃の裏には、冷徹な国家の論理だけではない、だれもが公言をはばかる人種差別がある、と私は思う。それにあえて触れない報道や言説に、いったいどれほどの有効性があるのか――私は怪しむ」

2度の墜落事故で計346人の命を奪ったボーイングの最新鋭機「737MAX」をめぐる問題を、私は1年あまり追いかけてきた。米メディアがあまり触れようとしないが、確かに存在するアメリカの暗部を取材で感じないわけにはいかなかった。

アジアやアフリカの人々の命の軽視。辺見さんが指摘した、人種差別である。

どういうことか――。

最初の事故はインドネシアで起きた。18年10月29日、ジャカルタの空港を飛び立ったばかりのライオン航空610便が海に墜落。機首の傾きを測るセンサーの不具合で飛行制御システムが誤作動し、機体がコントロール不能になった。

ボーイングも、安全性にお墨付きを与えた米連邦航空局（FAA）も、米国製の機体の欠陥を認めなかった。犠牲者189人の大半はインドネシア人。米国で大きな問題になることもなく、MAXは世界を飛び続けた。

だがその裏でFAAは「何もしなければMAXは2、3年ごとに墜落事故を起こし、最大で15機の計2900人が亡くなる恐れがある」との分析をまとめていた。ボーイング社内でも、ある記録が見つかった。事故前の16年、テストパイロット責任者がMAXのシミュレーター試験中、問題の制御システムが誤作動。「暴れ回っている」「これはひどい」などと同僚に伝えていたのだ。

そして最初の事故から半年もたたない19年3月10日。同じシステムが再び誤作動し、エチオピア航空機が離陸わずか6分後にアディスアベバ郊外の農地に突っ込んだ。2機目が落ちてなお、ボーイングは「安全性に絶対の自信がある」と言い張った。FAAも同調し、運航停止は事故後3日もたってから。日本を除く全世界が運航を止めた後の事故後3日もたってから。

もし事故が米国で起き、何百人もの米国人が犠牲になっていたら。かなりの確率で最初の事故後に運航が止められ、次の墜落は防げただろう。それがもし2度目だったら、間違いなく即刻、運航停止になっていたはずだ。アジアとアフリカの地で失われた命を、軽んじてはいなかったか。

ボーイングのミュイレンバーグ最高経営責任者（CEO、当時）が議会で証言に立ったのは、2度目の事故から7カ月以上もたってから。3年前にユナイテッド航空機から乗客1人が引きずり出された問題では、1カ月もたたずCEOが議会に呼ばれた。米政治アナリストは「もし米国内の事故だったら、もっと断固とした対応だったはずだ」。

事故原因となった制御システムは、存在すらパイロットに伏せられていた。エチオピアの事故調査当局は「事故機のパイロットは、緊急時の手順に従っていた」と認めた。それでもFAAとボーイングは「外国のパイロット（foreign pilot）」の責任をほのめかし続けた。これには米航空会社の操縦士組合も「許しがたい」と声を上げた。

「途上国の外国人を責める彼らの言動はすべて、人種差別に根ざしています」。カナダ在住のポール・ジョロゲさん（36）は、怒りにうち震える。エチオピアの事故で妻と3人の子供、義母を一度に亡くした。夫妻の故郷ケニアに帰省させる途中だった。

米ミネソタ州で白人警官が黒人男性ジョージ・フロイドさんを死なせた事件は、米国社会が抱える差別の根深さを世界にさらした。MAX事故と直接のつながりはないようにもみえるが、ジョロゲさんの目には同じ「アメリカの人種差別」と映る。「住む国や肌の色の違いにより、特定の人々の命の価値が劣っているという偏見が根底にあるからです」

他人ばかりを難じる資格があるのか、私も自らを恥じなければならない。米国産業を担当する記者として、ボーイングは最重要企業の一つなのに、最初の事故の報道はアジア駐在の同僚たちに任せきりだった。ボーイングの責任が判然とせず、経営への影響も見通しづらかった」。自分にそう言い訳してきた。しかし、「インドネシアは航空安全の意識も仕組みも貧弱で、ボーイング側の問題ではないだろう」という先入観がどこかにあった。私の目は、偏見で曇っていた。

MAX事故の報道に私がこだわるのは、そのやましさと無関係ではない。株主利益への過剰な執着と、経営陣の強欲さ。独占企業と政府の不健全な関係。MAX事故と新型コロナウイルスの影響で経営難に陥ったボーイングの姿には、米国資本主義のゆがみが凝縮している。いずれ、紙面で詳しく報告したい。

（ニューヨーク支局・江渕崇）

日本に帰国後、日々の忙しさにかまけて、書籍として形にするまでに時間がかかってしまった。あの夏に宣言した読者との4年越しの約束を果たせたとすれば、肩の荷が下りた思いだ。

謝辞

取材に協力いただいたアメリカ内外の方々に、まずは深く感謝したい。事故の深層に迫りたいという熱意だけは伝わったのか、私の怪しい英語にもみな嫌な顔一つせずに付き合ってくれた。わずかなりとも読者の心に響くものがあったとすれば、カナダ在住の737MAX事故遺族、ポール・ジョロゲさんの執念と知性に多くを負っている。トロントのホテルでのインタビューは長時間にわたり、事故の話や家族の生前の姿を涙ながらに語ってもらった。

勤務先の朝日新聞社は、経営環境の悪化が続く中にあっても、関心の赴くままに世界の現場を取材する機会を与えてくれた。いちいち名前は挙げないが、GLOBE編集部、国際報道部やニューヨーク支局、経済部のいずれでも理解ある上司と優秀な同僚に恵まれた。記者の個性と自主性を重んじてくれる職場で、思い切り仕事ができた幸運に感謝している。

ニューヨーク支局のスタッフだったソフィー・ディングさん（現ニューヨーク・タイムズ勤務）は、取材先探しやアポ入れ、リサーチなどで一連の取材を全面的に支えてくれた「同志」だ。彼女がいなければ、この本の中身もだいぶ薄まっていたことだろう。

元になった新聞連載「強欲の代償　ボーイング危機を追う」を掲載した後、読者からSNSやメール、会社への電話、はがきや手紙で励ましのメッセージをいただいた。「本にして」という声も多かった。時間も費用もかかった一連の取材は、紙やデジタルで朝日新聞を購読してくださる読者の支えがあって初めて可能になったものだ。

連載の直後、TBSラジオの「週末ノオト」で同局アナウンサーの駒田健吾さんが「これが新聞の力だ」とリスナーに強く閲読を薦めてくださったのは、同じメディア業界の仲間からの嬉しいエールだった。媒体としての新聞の力は相対的に落ちてはいるが、ジャーナリズムの役割はまだ終わっていないと、同僚たちと日々の仕事で示していくしかない。

「まじめに働けば安心して生きられる社会の探求」というライフワークは、私自身の生い立ちによるところも大きい。周りに田畑と山林しかなく、「まんが日本昔ばなし」にでも出てきそうな東北の寒村に、3人兄弟の長男として生まれ育った。

家計に余裕がない中でも、両親は必死に働いて学費と仕送りを用立て、3人全員に高等教育を受ける機会を与えてくれた。おかげで私は「それをせねば生きていけない」と思えるテーマに巡り合う僥倖《ぎょうこう》に恵まれた。

生まれや属性にかかわらず自らの可能性を追求できる社会を作りあげ、次の世代に伝える責任が、私たちにはある。私はそのことを、両親の背中から学んだ。

この2年あまり、週末や長期休暇は本書のためのリサーチや取材、執筆、推敲に費やし、家族には迷惑をかけた。いつか子どもたちがこの本を手にし、フェアで活力ある経済社会とは何かということにわずかでも関心を持ってくれれば、記者として、そして父親として、こんなに嬉しいことはない。

今回、書籍として日の目を見ることができたのは、新聞連載を読んだ新潮社企画編集部の松本太郎さんからお声がけいただいたのがきっかけだった。執筆が想定通り進まずに迷惑をおかけしたが、辛抱強く待っていただいた。松本さんの励ましと導き、そして幾度となく重ねた濃密なディスカッションがなければ、最後までたどり着くことはできなかった。

資本主義が、おそらく半世紀ぶりに迎えた「空位」の時代。日本と世界がどこに向かおうとしているのか、混沌の中から確かな流れを見いだす探求の旅を、もうしばらく続けていくつもりだ。

註

はじめに

（1）東京証券取引所「資本コストや株価を意識した経営の実現に向けた対応等に関するお願いについて」２０２３年３月31日（https://www.jpx.co.jp/news/1020/20230331-01.html）

（2）江渕崇「ウォーレン・バフェット氏、日本株の投資拡大意欲　朝日新聞単独会見」朝日新聞デジタル、２０２３年４月11日（https://www.asahi.com/articles/ASR4C36J9R4BULFA01V.html）

第１章　慟哭のアディスアベバ

（1）“Investigation Report on Accident to the B737-MAX8 Reg. ET-AVJ Operated by Ethiopian Airlines, 10 March, 2019,” The Federal Democratic Republic of Ethiopia Ministry of Transport and Logistics Aircraft Accident Investigation Bureau, December 23, 2022（https://bea.aero/fileadmin/user_upload/ET_302__B737-8MAX_ACCIDENT_FINAL_REPORT.pdf）

（2）“Aircraft Accident Investigation Report, PT. Lion Mentari Airlines, Boeing 737-8 (MAX); PK-LQP, Tanjung Karawang, West Java, Republic of Indonesia, 29 October 2018,” Komite Nasional Keselamatan Transportasi, Republic of Indonesia, October 2019（https://www.aaiu.ie/sites/default/files/FRA/2018%20-%20035%20-%20PK-LQP%20Final%20Report.pdf）

（3）Peter Robison, *Flying Blind: The 737 MAX Tragedy and the Fall of Boeing*, Doubleday, 2021

（4）Imam Hamdi, “Lion Air Crash: DVI Team Identifies DNA from 626 Body Parts,” *Tempo.Co*, November 9, 2018（https://en.tempo.co/read/923308/lion-air-crash-dvi-team-identifies-dna-from-626-body-parts）

（5）“Flight Crew Operations Manual Bulletin for The Boeing Company, Number: TBC-19,” The Boeing Company, November 6, 2018（https://lbblawyers.com/wp-content/uploads/2019/03/Boeing-Service-Bulletin.pdf）

（6）“Boeing 737 MAX 8 Earns FAA Certification, First 737 MAX family member on track for customer deliveries in coming months,” The Boeing Company, March 9, 2017（https://boeing.mediaroom.com/2017-03-09-Boeing-737-MAX-8-Earns-FAA-Certification）

（7）Kris Van Cleave, “Audio reveals pilots confronting Boeing about new features suspected in deadly crashes,” *CBS News*,

May 14, 2019（https://www.cbsnews.com/news/boeing-737-max-audio-reveals-pilots-confronting-official-about-features-suspected-in-deadly-crashes-2019-05-14/）

（8）“Boeing Statement on Lion Air Flight 610 Preliminary Report,” The Boeing Company, November 27, 2018（https://boeing.mediaroom.com/news-releases-statements?item=130336）

（9）“Order Instituting Cease-And-Desist Proceedings Pursuant to Section 8A of the Securities Act of 1933, Making Findings, And Imposing A Cease-And-Desist Order,” The U.S. Securities and Exchange Commission, September 22, 2022（https://www.sec.gov/files/litigation/admin/2022/33-11106.pdf）

（10）Hannah Beech and Muktita Suhartono, “Between Two Boeing Crashes, Days of Silence and Mistrust,” *The New York Times*, April 2, 2019（https://www.nytimes.com/2019/04/02/world/asia/boeing-max-8-lion-air.html）

（11）Andy Pasztor and Andrew Tangel, “Internal FAA Review Saw High Risk of 737 MAX Crashes,” *The Wall Street Journal*, December 11, 2019（https://www.wsj.com/articles/internal-faa-review-saw-high-risk-of-737-max-crashes-11576069202）

（12）Dominic Gates, “Flawed analysis, failed oversight: How Boeing, FAA certified the suspect 737 MAX flight control system,” *The Seattle Times*, March 17, 2019（https://www.seattletimes.com/business/boeing-aerospace/failed-certification-faa-missed-safety-issues-in-the-737-max-system-implicated-in-the-lion-air-crash/）

（13）本文中の原稿は著者がデスク宛に送稿したもの。簡略化のうえ、朝日新聞２０１９年５月１日付朝刊経済面に掲載

（14）“Order Instituting Cease-And-Desist Proceedings Pursuant to Section 8A of the Securities Act of 1933, Making Findings, And Imposing A Cease-and-Desist Order,” The U.S. Securities and Exchange Commission, September 22, 2022（https://www.sec.gov/files/litigation/admin/2022/33-11106.pdf）

第二章　魔のショートカット

（1）“AMR Corporation Announces Largest Aircraft Order in History with Boeing and Airbus,” AMR Corporation, July 20, 2011（https://www.sec.gov/Archives/edgar/data/6201/000119312511191877/dex992.htm）

（2）Scott Hamilton, *Air Wars: The Global Combat Between Airbus and Boeing*, 12s Publications, 2021

（3）“Southwest had $1mln per 737 MAX rebate clause on training,” *Reuters*, October 31, 2019（https://www.reuters.com/

article/boeing-airplane-southwest-idINL2N27F1OM）

（４）Dominic Gates, "Southwest Airlines proposed a ploy to deceive FAA on Boeing 737 MAX, legal filing alleges," *The Seattle Times*, May 16, 2022（https://www.seattletimes.com/business/boeing-aerospace/legal-filing-reveals-southwest-airlines-proposed-a-ploy-to-deceive-faa-on-boeing-737-max/）

（５）Maureen Tkacik, "Crash Course: How Boeing's managerial revolution created the 737 MAX disaster," *The New Republic*, September 19, 2019（https://newrepublic.com/article/154944/boeing-737-max-investigation-indonesia-lion-air-ethiopian-airlines-managerial-revolution）

第三章　キャッシュマシン化する企業

（１）"Boeing completes its first 737 MAX delivery," The Boeing Company, May 17, 2017

（２）ＡＮＡホールディングス「小型機２機種計48機の発注を決定　～日本で初めて導入するボーイング 737 MAX 8型機を30機と、エアバスA320neo型機を18機発注します～」２０１９年1月29日（https://www.anahd.co.jp/group/pr/201901/20190129-2.html）

（３）"Division of Trading and Markets: Answers to Frequently Asked Questions Concerning Rule 10b-18 ("Safe Harbor" for Issuer Repurchases)," The U.S. Securities and Exchange Commission（https://www.sec.gov/divisions/marketreg/r10b18faq0504.htm）

（４）"Boeing Board Raises Dividend 20 Percent, Increases Share Repurchase Authorization to $20 Billion," The Boeing Company, December 17, 2018（https://boeing.mediaroom.com/2018-12-17-Boeing-Board-Raises-Dividend-20-Percent-Increases-Share-Repurchase-Authorization-to-20-Billion）

（５）"S&P 500 Q4 2018 Buybacks Set 4th Consecutive Quarterly Record at $223 Billion; 2018 Sets Record $806 Billion," S&P Dow Jones Indices, March 25, 2019（https://www.spglobal.com/spdji/en/corporate-news/article/sp-500-q4-2018-buybacks-set-4th-consecutive-quarterly-record-at-223-billion-2018-sets-record-806-billion/）

（６）朝日新聞２０１７年12月22日付朝刊経済面

（７）"S&P 500 Q4 2018 Buybacks Set 4th Consecutive Quarterly Record at $223 Billion; 2018 Sets Record $806 Billion," S&P

Dow Jones Indices, March 25, 2019（https://www.spglobal.com/spdji/en/corporate-news/article/sp-500-q4-2018-buybacks-set-4th-consecutive-quarterly-record-at-223-billion-2018-sets-record-806-billion/）
（8）David Wilson, "Apple Buybacks Largely Account for Stock Gains Since 2013," *Bloomberg News*, August 1, 2018（日本語版 https://www.bloomberg.co.jp/news/articles/2018-08-01/PCSJLN6KLVR501）
（9）"Proxy Statement Pursuant to Section 14(a) of the Securities Exchange Act of 1934," The U.S. Securities and Exchange Commission, March 15, 2019（https://www.sec.gov/Archives/edgar/data/12927/000119312519076793/d686032ddef14a.htm#toc686032_33）
（10）"Boeing Reports Record 2018 Results and Provides 2019 Guidance," The Boeing Company, January 30, 2019（https://boeing.mediaroom.com/2019-01-30-Boeing-Reports-Record-2018-Results-and-Provides-2019-Guidance）
（11）William Lazonick, "Profits Without Prosperity: How Stock Buybacks Manipulate the Market, and Leave Most Americans Worse Off," Institute for New Economic Thinking, April 2014（https://www.ineteconomics.org/uploads/papers/LAZONICK_William_Profits-without-Prosperity-20140406.pdf）

第四章　シアトルの「文化大革命」

（1）"Biography of William E. Boeing," The Boeing Company（https://www.boeing.com/content/dam/boeing/boeingdotcom/history-biography/pdf/william-e-boeing-biography.pdf）
（2）Jim Collins and Jerry I. Porras, *Built to Last: Successful Habits of Visionary Companies*, HarperBusiness, 1994（山岡洋一訳『ビジョナリー・カンパニー　時代を超える生存の原則』日経ＢＰ出版センター）
（3）Clive Irving, *Wide-body: The Making of the 747*, Hodder & Stoughton, 1993（手島尚訳『ボーイング７４７を創った男たち　ワイドボディの奇跡』講談社）
（4）"Aerospace Leaders: Boeing Founders and Executives," The Boeing Company（https://www.boeing.com/content/dam/boeing/boeingdotcom/history/pdf/boeing-founders-and-executives.pdf）
（5）Andy Pasztor, "Jet's Troubled History Raises Issues For the FAA and the Manufacturer," *The Wall Street Journal*, September 19, 2000（https://www.wsj.com/articles/SB969325013164664251）

（6）“Statement of Chairman Robert Pitofsky and Commissioners Janet D. Steiger, Roscoe B. Starek III and Christine A. Varney in the Matter of The Boeing Company/McDonnell Douglas Corporation,” The Federal Trade Commission, July 1, 1997（https://www.ftc.gov/legal-library/browse/cases-proceedings/public-statements/statement-chairman-robert-pitofsky-commissioners-janet-d-steiger-roscoe-b-starek-iii-christine）

（7）John Holusha, “McDonnell Dividend To Jump 71%,” *The New York Times*, October 29, 1994（https://www.nytimes.com/1994/10/29/business/mcdonnell-dividend-to-jump-71.html）

（8）“Boeing Completes McDonnell Douglas Merger,” The Boeing Company, July 31, 1997（https://boeing.mediaroom.com/1997-07-31-Boeing-Completes-McDonnell-Douglas-Merger）

（9）Patricia Callahan, “So why does Harry Stonecipher think he can turn around Boeing?,” *Chicago Tribune*, February 29, 2004（https://www.chicagotribune.com/2004/02/29/so-why-does-harry-stonecipher-think-he-can-turn-around-boeing/）

（10）Patricia Callahan 同前

（11）Jeff Cole, “Boeing's Cultural Revolution – Shaken Giant Surrenders Big Dreams For The Bottom Line,” *The Seattle Times*, December 13, 1998（https://archive.seattletimes.com/archive/?date=19981213&slug=2788785）

（12）Stanley Holmes, “Boeing Offer May End Costly Strike,” *Los Angeles Times*, March 18, 2000（https://www.latimes.com/archives/la-xpm-2000-mar-18-fi-10005-story.html）

第五章　軽んじられた故郷、予見された「悪夢」

（1）“Boeing officials land in Chicago,” *Chicago Tribune*, May 10, 2001（https://www.chicagotribune.com/2001/05/10/boeing-officials-land-in-chicago）

（2）Patricia Callahan, “So why does Harry Stonecipher think he can turn around Boeing?,” *Chicago Tribune*, February 29, 2004（https://www.chicagotribune.com/2004/02/29/so-why-does-harry-stonecipher-think-he-can-turn-around-boeing/）

（3）“A380 Facts & Figures,” Airbus（https://www.airbus.com/sites/g/files/jlcbta136/files/2021-12/EN-Airbus-A380-Facts-and-Figures-December-2021_0.pdf）

（4）“Dreamliner: Boeing 787 planes grounded on safety fears,” *BBC News*, January 17, 2013（https://www.bbc.com/news/

business-21054089）

（5）“Incident Report: Auxiliary Power Unit Battery Fire, Japan Airlines Boeing 787-8, JA829J, Boston, Massachusetts, January 7, 2013,” The U.S. National Transportation Safety Board, November 21, 2014（https://www.ntsb.gov/investigations/accidentreports/reports/air1401.pdf）

（6）L. J. Hart-Smith, “Out-Sourced Profits – The Cornerstone of Successful Subcontracting,” February 14-15, 2001

（7）Peter Robison, “Boeing's 737 Max Software Outsourced to $9-an-Hour Engineers,” *Bloomberg News*, June 29, 2019（https://www.bloomberg.com/news/articles/2019-06-28/boeing-s-737-max-software-outsourced-to-9-an-hour-engineers）

第六章　世紀の経営者か、資本主義の破壊者か

（1）Thomas F. O'Boyle, *At Any Cost: Jack Welch, General Electric, and the Pursuit of Profit*, Alfred A. Knopf, 1998（栗原百代訳『ジャック・ウェルチ　悪の経営力』徳間書店）

（2）Jack Welch and John A. Byrne, *Jack: Straight from the Gut*, Warner Books, 2001（宮本喜一訳『ジャック・ウェルチ　わが経営 上』日本経済新聞社）

（3）「GEを世界的な企業に育て上げた『最高の経営者』ジャック・ウェルチが84歳で死去」GE reports Japan

（4）Jack Welch and John A. Byrne, *Jack: Straight from the Gut*, Warner Books, 2001

（5）Stephen Maher, “GE's Switch,” *Jacobin*, July 31, 2017（https://jacobin.com/2017/07/ge-immelt-ceo-finance-capital-new-deal-great-recession-investors）

（6）Thomas Gryta and Ted Mann, *Lights Out: Pride, Delusion, and the Fall of General Electric*, Houghton Mifflin Harcourt, 2020（御立英史訳『GE帝国盛衰史　「最強企業」だった組織はどこで間違えたのか』ダイヤモンド社）

（7）David Gelles, *The Man Who Broke Capitalism: How Jack Welch Gutted the Heartland and Crushed the Soul of Corporate America—and How to Undo His Legacy*, Simon & Schuster, 2022（渡部典子訳『ジャック・ウェルチ「20世紀最高の経営者」の虚栄』早川書房）

（8）George Anders, “General Electric Alumni Find It Harder to Shine,” *The Wall Street Journal*, May 15, 2003（https://www.wsj.com/articles/SB105294834598802700）

（9） David Gelles, *The Man Who Broke Capitalism: How Jack Welch Gutted the Heartland and Crushed the Soul of Corporate America—and How to Undo His Legacy*, Simon & Schuster, 2022

（10） "Boeing to Place Second 787 Assembly Line in North Charleston, SC," The Boeing Company, October 28, 2009（https://boeing.mediaroom.com/2009-10-28-Boeing-to-Place-Second-787-Assembly-Line-in-North-Charleston-SC）

（11） "Boeing Responds to Al Jazeera English Documentary on 787," The Boeing Company, September 10, 2014（https://boeing.mediaroom.com/news-releases-statements?item=129201）

（12） Natalie Kitroeff and David Gelles, "'It's More Than I Imagined': Boeing's New C.E.O. Confronts Its Challenges," *The New York Times*, March 5, 2020（https://www.nytimes.com/2020/03/05/business/boeing-david-calhoun.html）

（13） "SEC Charges General Electric with Accounting Fraud," The U.S. Securities and Exchange Commission, August 4, 2009（https://www.sec.gov/enforcement-litigation/litigation-releases/lr-21166）

（14） 朝日新聞２０１８年６月21日付朝刊経済面

（15） "GE Aerospace Launches as Independent, Investment-Grade Public Company Following Completion of GE Vernova Spin-Off," GE Aerospace, April 2, 2024（https://www.geaerospace.com/news/press-releases/other-news-information-financial/ge-aerospace-launches-independent-investment-grade）

第七章　「とりこ」に堕したワシントン

（1） Mary Schiavo with Sabra Chartrand, *Flying Blind, Flying Safe*, Avon Books, 1997（杉浦一機翻訳監修、杉谷浩子訳『危ない飛行機が今日も飛んでいる（上・下）』草思社）

（2） Natalie Kitroeff and David Gelles, "Before Deadly Crashes, Boeing Pushed for Law That Undercut Oversight," *The New York Times*, October 27, 2019（https://www.nytimes.com/2019/10/27/business/boeing-737-max-crashes.html）

（3） George J. Stigler, "The Theory of Economic Regulation," *The Bell Journal of Economics and Management Science*, Vol. 2, No. 1, Spring 1971

（4） もっとも、スティグラーの場合、「だから政府による無駄な規制をなるべく排し、市場での競争を重視すべきだ」という文脈でしばしば参照されるようになった

（5）国会東京電力福島原子力発電所事故調査委員会「報告書」２０１２年７月５日

（6）Jonathan Swan, “Trump privately pushing personal pilot to run FAA,” *Axios*, February 25, 2018（https://www.axios.com/2018/02/25/exclusive-trump-privately-pushing-personal-pilot-to-run-faa-1519595187）

（7）“Emergency Order of Prohibition,” The U.S. Department of Transportation Federal Aviation Administration, March 13, 2019（https://www.faa.gov/sites/faa.gov/files/2021-08/Emergency_Order.pdf）

（8）“In Consultation with the FAA, NTSB and its Customers, Boeing Supports Action to Temporarily Ground 737 MAX Operations,” The Boeing Company, March 13, 2019（https://boeing.mediaroom.com/news-releases-statements?item=130404）

（9）Nikki R. Haley, “A Letter to The Company’s Management,” March 16, 2020（https://www.sec.gov/Archives/edgar/data/12927/000001292720000027/exhibit17.htm）

第八章　フリードマン・ドクトリンの果てに

（1）Ralph Nader, *Unsafe at Any Speed: The Designed-In Dangers of the American Automobile*, Grossman Publishers, 1965（河本英三訳『どんなスピードでも自動車は危険だ』ダイヤモンド社）

（2）Milton Friedman, “A Friedman doctrine— The Social Responsibility of Business Is to Increase Its Profits,” *The New York Times Magazine*, September 13, 1970（https://www.nytimes.com/1970/09/13/archives/a-friedman-doctrine-the-social-responsibility-of-business-is-to.html）

（3）新川健三郎『ローズヴェルト　ニューディールと第二次世界大戦』清水書院、２０１８年

（4）Robert J. Gordon, *The Rise and Fall of American Growth: The U.S. Standard of Living since the Civil War*, Princeton University Press, 2016（高遠裕子、山岡由美訳『アメリカ経済　成長の終焉（上・下）』日経ＢＰ）

（5）Antara Haldar, “Laying Chicago Economics to Rest,” *Project Syndicate*, September 28, 2023（https://www.project-syndicate.org/commentary/chicago-school-economics-rational-agent-a-myth-by-antara-haldar-2023-09?barrier=accesspaylog）

（6）“The Royal Swedish Academy of Sciences has decided to award the 1976 Prize in Economic Sciences in Memory of Alfred Nobel to Professor Milton Friedman, University of Chicago, Illinois, USA, for his achievements in the fields of consumption analysis, monetary history and theory, and for his demonstration of the complexity of stabilization policy,” The Nobel Prize organization, October 14, 1976（https://www.nobelprize.org/prizes/economic-sciences/1976/press-release/）

（7）金融ＮＰＯ「ベター・マーケッツ」とジョージ・ワシントン大学ロースクールが共催した２０２０年7月21日のオンラインイベント「Dodd-Frank Act 10th Anniversary Conference」での発言から

（8）Alec MacGillis, "The Case Against Boeing," *The New Yorker*, November 11, 2019（https://www.newyorker.com/magazine/2019/11/18/the-case-against-boeing）

（9）Jackie Wattles, "Boeing's fired CEO could walk away with a $60 million golden parachute," *CNN Business*, December 24, 2019（https://edition.cnn.com/2019/12/24/tech/boeing-ceo-dennis-muilenburg-severance/index.html）

（10）Adolf A. Berle and Gardiner C. Means, *The Modern Corporation and Private Property*, The Macmillan Company, 1932（森杲訳『現代株式会社と私有財産』北海道大学出版会）

（11）Jack Welch and John A. Byrne, *Jack: Straight from the Gut*, Warner Books, 2001（宮本喜一訳『ジャック・ウェルチ　わが経営 下』日本経済新聞社）

（12）Joann S. Lublin, Ann Zimmerman and Chad Terhune, "Behind Nardelli's Abrupt Exit," *The Wall Street Journal*, January 4, 2007（https://www.wsj.com/articles/SB116782948407565911）

（13）David Gelles, *The Man Who Broke Capitalism: How Jack Welch Gutted the Heartland and Crushed the Soul of Corporate America—and How to Undo His Legacy*, Simon & Schuster, 2022

（14）Thomas Gryta and Joann S. Lublin, "GE's New Chief Makes Cuts, Starting With Old Favorites," *The Wall Street Journal*, October 18, 2017（https://www.wsj.com/articles/ges-new-chief-starts-making-cuts-starting-with-old-favorites-1508353939）

（15）"General Electric Settles SEC Action for Disclosure Failures in Connection with Its Former CEO's Benefits Under His Employment and Retirement Agreement," The U.S. Securities and Exchange Commission, September 23, 2004（https://www.sec.gov/news/press/2004-135.htm）

（16）David Gelles, *The Man Who Broke Capitalism: How Jack Welch Gutted the Heartland and Crushed the Soul of Corporate America—and How to Undo His Legacy*, Simon & Schuster, 2022

（17）Malcolm Gladwell, "Was Jack Welch the Greatest C.E.O. of His Day—or the Worst?," *The New Yorker*, October 31, 2022（https://www.newyorker.com/magazine/2022/11/07/was-jack-welch-the-greatest-ceo-of-his-day-or-the-worst）

（18）Jack Welch, “My Dilemma – And How I Resolved It,” *The Wall Street Journal*, September 16, 2002（https://www.wsj.com/articles/SB1032130853752348115）

（19）Tyler Cowen, *Big Business: A Love Letter to an American Anti-Hero*, St. Martin's Press, 2019（池村千秋訳『BIG BUSINESS（ビッグビジネス） 巨大企業はなぜ嫌われるのか』ＮＴＴ出版）

（20）江渕崇「貧しくとも不幸ではない　タイラー・コーエンが見る『働き手の未来』」朝日新聞ＧＬＯＢＥ、２０１６年６月22日（https://globe.asahi.com/article/11631085）

（21）Josh Bivens and Jori Kandra, “CEO pay has skyrocketed 1,460% since 1978,” Economic Policy Institute, October 4, 2022（https://www.epi.org/publication/ceo-pay-in-2021/）

第九章　復活した７３７ＭＡＸ、封印された責任

（1）“Boeing Charged with 737 Max Fraud Conspiracy and Agrees to Pay over $2.5 Billion,” The U.S. Department of Justice, January 7, 2021（https://www.justice.gov/opa/pr/boeing-charged-737-max-fraud-conspiracy-and-agrees-pay-over-25-billion）

（2）John C. Coffee, “Nosedive: Boeing and the Corruption of the Deferred Prosecution Agreement,” Harvard Law School Forum on Corporate Governance, May 25, 2022（https://corpgov.law.harvard.edu/2022/05/25/nosedive-boeing-and-the-corruption-of-the-deferred-prosecution-agreement/）

（3）“U.S. Attorney Erin Nealy Cox to Depart Justice Department,” The U.S. Attorney's Office, Northern District of Texas, December 17, 2020（https://www.justice.gov/usao-ndtx/pr/us-attorney-erin-nealy-cox-depart-justice-department）

（4）“Erin Nealy Cox, Former U.S. Attorney for the Northern District of Texas, to Join Kirkland & Ellis as Partner,” Kirkland & Ellis, June 23, 2021（https://www.kirkland.com/news/press-release/2021/06/erin-nealy-cox-to-join-kirkland）

（5）“Final Committee Report on the Design, Development, and Certification of the Boeing 737 MAX,” The House Committee on Transportation and Infrastructure, September 16, 2020（https://democrats-transportation.house.gov/imo/media/doc/2020.09.15%20FINAL%20737%20MAX%20Report%20for%20Public%20Release.pdf）

（6）“Boeing to Pay $200 Million to Settle SEC Charges that it Misled Investors about the 737 MAX,” The U.S. Securities and Exchange Commission, September 22, 2022（https://www.sec.gov/newsroom/press-releases/2022-170）

(7) Natalie Kitroeff and David Gelles, "'It's More Than I Imagined': Boeing's New C.E.O. Confronts Its Challenges," *The New York Times*, March 5, 2020（https://www.nytimes.com/2020/03/05/business/boeing-david-calhoun.html）

(8) "Boeing Names Northern Virginia Office Its Global Headquarters; Establishes Research & Technology Hub," The Boeing Company, May 5, 2022（https://investors.boeing.com/investors/news/press-release-details/2022/Boeing-Names-Northern-Virginia-Office-Its-Global-Headquarters-Establishes-Research–Technology-Hub/default.aspx）

(9) "In-Flight Mid Exit Door Plug Separation," The U.S. National Transportation Safety Board, February 6, 2024（https://www.ntsb.gov/investigations/Pages/DCA24MA063.aspx）

(10) "Boeing Announces Board and Management Changes," The Boeing Company, March 25, 2024（https://boeing.mediaroom.com/2024-03-25-Boeing-Announces-Board-and-Management-Changes）

(11) Emily Glazer and Sharon Terlep, "Boeing's CEO Search Hits Some Snags," *The Wall Street Journal*, June 17, 2024（https://www.wsj.com/business/airlines/boeings-ceo-search-hits-some-turbulence-78bc27b9）

(12) "The Senate Permanent Subcommittee on Investigations Releases Evidence from New Boeing Whistleblowers," The U.S. Senator Richard Blumenthal, June 18, 2024（https://www.blumenthal.senate.gov/newsroom/press/release/the-senate-permanent-subcommittee-on-investigations-releases-evidence-from-new-boeing-whistleblowers）

第十章　株主資本主義は死んだのか

(1) "Letter to Shareholders," Berkshire Hathaway Inc., February 24, 2024（https://www.berkshirehathaway.com/letters/2023ltr.pdf）

(2) "Letter to Shareholders," Berkshire Hathaway Inc., February 28, 2006（https://www.berkshirehathaway.com/letters/2005ltr.pdf）

(3) "Business Roundtable Redefines the Purpose of a Corporation to Promote 'An Economy That Serves All Americans'," Business Roundtable, August 19, 2019（https://www.businessroundtable.org/business-roundtable-redefines-the-purpose-of-a-corporation-to-promote-an-economy-that-serves-all-americans）

(4) "Larry Fink's 2022 Letter to CEOs: The Power of Capitalism," BlackRock, January 18, 2022（https://www.blackrock.com/

corporate/investor-relations/larry-fink-ceo-letter）
（5）Mariana Mazzucato, "Larry Fink's Capitalist Shell Game," *Project Syndicate*, February 11, 2022（https://www.project-syndicate.org/commentary/stakeholder-capitalism-lip-service-fink-2022-letter-by-mariana-mazzucato-2022-02）
（6）Milton Friedman, "A Friedman doctrine— The Social Responsibility of Business Is to Increase Its Profits," *The New York Times Magazine*, September 13, 1970（https://www.nytimes.com/1970/09/13/archives/a-friedman-doctrine-the-social-responsibility-of-business-is-to.html）
（7）"S&P 500 Buybacks up 3.2% in Q4 2019; Full Year 2019 Down 9.6% From Record 2018, as Companies Brace for a More Volatile 2020," S&P Dow Jones Indices, March 24, 2020（https://www.spglobal.com/spdji/en/corporate-news/article/sp-500-buybacks-up-32-in-q4-2019-full-year-2019-down-9-6-from-record-2018-as-companies-brace-for-a-more-volatile-2020/）
（8）江渕崇「(世界発２０１９)『ＡＯＣ』米政界に旋風　29歳元バーテンダー、民主で急進左派政策」朝日新聞２０１９年５月９日付朝刊国際面
（9）Jerry Useem, "Beware of Corporate Promises," *The Atlantic*, August 6, 2020（https://www.theatlantic.com/ideas/archive/2020/08/companies-stand-solidarity-are-licensing-themselves-discriminate/614947/）
（10）Lucian A Bebchuk, Kobi Kastiel and Roberto Tallarita, "Stakeholder Capitalism in the Time of COVID," *Yale Journal on Regulation*, Volume 40, 2023（https://openyls.law.yale.edu/bitstream/handle/20.500.13051/18235/Lucian%20A.%20Bebchuck%20Kobi%20Kastiel%20%20Roberto%20Tallarita%20Stakeholder%20Capitalism%20in%20the%20Time%20of%20COVID%20%2040%20Yale%20J.%20on%20Regul.%2060%20%282023%29.pdf?sequence=1&isAllowed=y）
（11）Jonathan Easley, "Biden strikes populist tone in blistering rebuke of Trump, Wall Street," *The Hill*, July 9, 2020（https://thehill.com/homenews/campaign/506634-biden-strikes-populist-tone-in-blistering-economic-rebuke-of-trump-wall/）
（12）"Remarks by President Biden on the Economy," The White House, July 19, 2021（https://www.whitehouse.gov/briefing-room/speeches-remarks/2021/07/19/remarks-by-president-biden-on-the-economy-3/）
（13）"Ten richest men double their fortunes in pandemic while incomes of 99 percent of humanity fall," Oxfam International, January 17, 2022（https://www.oxfam.org/en/press-releases/ten-richest-men-double-their-fortunes-pandemic-while-incomes-99-percent-humanity）

終章　「空位の時代」をゆく日本の海図

（1）経済産業省「『持続的成長への競争力とインセンティブ～企業と投資家の望ましい関係構築～』プロジェクト最終報告書（伊藤レポート）」２０１４年８月（https://www.meti.go.jp/policy/economy/keiei_innovation/kigyoukaikei/pdf/itoreport.pdf）

（2）東京証券取引所「コーポレートガバナンス・コード～会社の持続的な成長と中長期的な企業価値の向上のために～」２０１５年６月１日（https://www.jpx.co.jp/news/1020/nlsgeu000000xbfx-att/code.pdf）

（3）財務省「法人企業統計調査時系列データ（金融業、保険業以外の業種の原数値）」（https://www.e-stat.go.jp/dbview?sid=0003060791）

（4）日本取引所グループ「２０２３年度株式分布状況調査」２０２４年７月２日（https://www.jpx.co.jp/markets/statistics-equities/examination/mklp77000000aiyf-att/j-bunpu2023.pdf）

（5）内閣官房「新しい資本主義実現会議（第１回）資料」２０２１年10月26日（https://www.cas.go.jp/jp/seisaku/atarashii_sihonsyugi/kaigi/dai1/gijisidai.html）

（6）Ulrike Schaede, *The Business Reinvention of Japan: How to Make Sense of the New Japan and Why It Matters*, Stanford Business Books, 2020（渡部典子訳『再興 THE KAISHA　日本のビジネス・リインベンション』日本経済新聞出版）

（7）内閣府政策統括官（経済財政分析担当）「２０２３年度　日本経済レポート―コロナ禍を乗り越え、経済の新たなステージへ―」２０２４年２月13日（https://www5.cao.go.jp/keizai3/2023/0213nk/pdf/n23_5.pdf）

（8）江渕崇「サントリー新浪社長『株主資本主義への逆風、日本企業への追い風ではない』」朝日新聞ＧＬＯＢＥ＋、２０２０年１月28日（https://globe.asahi.com/article/13077717）

（9）加藤裕則、木村裕明「（資本主義ＮＥＸＴ　価値ある企業とは⑩）市場創造、内側の『志』から　経営学者・名和高司さん」朝日新聞２０２４年１月18日付朝刊経済・総合面

（10）"Warren Introduces Accountable Capitalism Act," The U.S. Senator Elizabeth Warren, August 15, 2018（https://www.warren.senate.gov/newsroom/press-releases/warren-introduces-accountable-capitalism-act）

Elizabeth Warren, "Companies Shouldn't Be Accountable Only to Shareholders," *The Wall Street Journal*, August 14, 2018

(https://www.wsj.com/articles/companies-shouldnt-be-accountable-only-to-shareholders-1534287687)
（11）David Dayen, “Special Investigation: The Dirty Secret Behind Warren Buffett's Billions,” *The Nation.*, February 15, 2018 (https://www.thenation.com/article/archive/special-investigation-the-dirty-secret-behind-warren-buffetts-billions/)

おわりに

（1）OECD Data, Average annual wages（https://www.oecd.org/en/data/indicators/average-annual-wages.html）
（2）“Report on the Economic Well-Being of U.S. Households,” The Board of Governors of the Federal Reserve System, May 22, 2023（https://www.federalreserve.gov/consumerscommunities/sheddataviz/unexpectedexpenses-table.html）
（3）“State of Homelessness: 2024 Edition,” National Alliance to End Homelessness（https://endhomelessness.org/homelessness-in-america/homelessness-statistics/state-of-homelessness/）
（4）Homeless Deaths Count（https://homelessdeathscount.org/）
（5）Anne Case and Angus Deaton, *Deaths of Despair and the Future of Capitalism*, Princeton University Press, 2020（松本裕訳『絶望死のアメリカ　資本主義がめざすべきもの』みすず書房）
（6）Peter A. Hall and David Soskice, *Varieties of Capitalism: The Institutional Foundations of Comparative Advantage*, Oxford University Press, 2001
（7）Wolfgang Streeck, *Gekaufte Zeit: Die vertagte Krise des demokratischen Kapitalismus*, Suhrkamp, 2013（鈴木直訳『時間かせぎの資本主義　いつまで危機を先送りできるか』みすず書房）
（8）江渕崇「（インタビュー）グローバル化への反乱　社会学者ヴォルフガング・シュトレークさん」朝日新聞２０１６年11月22日付朝刊オピニオン面
（9）朝日新聞デジタル、２０２０年６月30日（https://www.asahi.com/articles/ASN6Y4SLGN6XUHBI012.html）

本書は朝日新聞に連載された「強欲の代償　ボーイング危機を追う」（2022年1月23日、25日〜29日）に大幅に加筆修正したものです。

江渕崇（えぶち・たかし）

朝日新聞記者。1976年、宮城県生まれ。1998年、一橋大学社会学部を卒業し朝日新聞社入社。経済部で金融・証券や製造業、エネルギー、雇用・労働、消費者問題などを幅広く取材。国際報道部、米ハーバード大学国際問題研究所客員研究員、日曜版「GLOBE」編集部、ニューヨーク特派員（2017〜21年、アメリカ経済担当）、日銀キャップ等を経て2022年4月から経済部デスク。現在は国際経済報道や長期連載「資本主義NEXT」を主に担当している。

ボーイング 強欲《ごうよく》の代償《だいしょう》——連続墜落事故《れんぞくついらくじこ》の闇《やみ》を追《お》う

発　行　2024 年 12 月 20 日

著　者　江渕崇《えぶちたかし》

発行者　佐藤隆信
発行所　株式会社新潮社
〒 162-8711　東京都新宿区矢来町 71
電話　編集部　03-3266-5611
読者係　03-3266-5111
https://www.shinchosha.co.jp

表紙写真　江渕崇

装　幀　新潮社装幀室
印刷所　株式会社光邦
製本所　大口製本印刷株式会社

ISBN978-4-10-355981-8 C0034